論点解説

日本の
JAPAN'S NATIONAL SECURITY
安全保障

防衛基盤の強化と防衛力の
持続可能性を考える

秋山昌廣＋小黒一正［編］

日本経済新聞出版

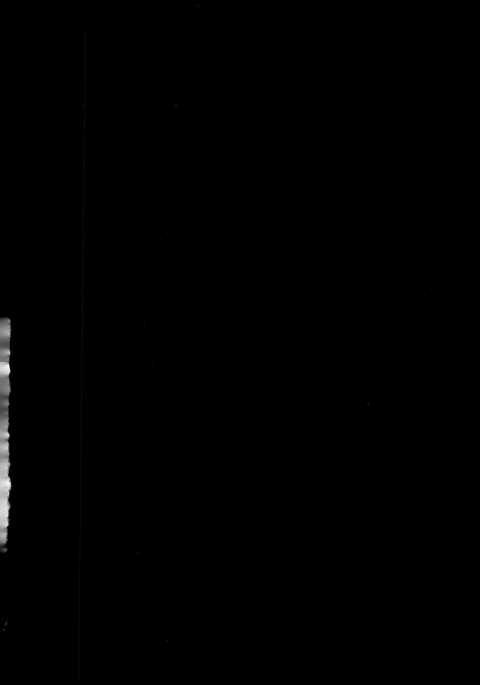

はじめに

「人類は戦争に終止符を打たなければならない。さもなければ、戦争が人類に終止符を打つことになるだろう（Mankind must put an end to war, or war will put an end to mankind.）」（John F. Kennedy）

本質的に人類は戦争よりも平和を望むはずだ。1945年、広島や長崎に原爆を投下され、多大な人命を失い損害を被った日本ではなおさらではないか。しかし、その後も世界では戦争は起こっている。特に、ロシアによるウクライナ侵攻は、「冷戦終結以降、このような本格的な陸戦はない」と思い込んでいた世界に大きな衝撃を与えた。現状を力で一方的に変更しようとする動きは、日本のすぐそばにもある。中国による台湾侵攻が危惧され、北朝鮮が着々と核武装を進めるなか、日本の安全保障政策も再考を迫られている。

こうした情勢下で2022年末に政府は、国の外交・防衛政策の基本方針を定めた「国家安全保障戦略」を改定した。しかし、世界の地政学的状況が大きく変化し、日本自身が人口減少など深刻な国内問題に直面するなか、日本は多くの安全保障上の課題について一層の議論と備えが必要な段階にきているのではないか。本書は、このような問題意識に基づき、日本が直面するそのような広義の安全保障上の課題を17の論点から掘り下げたものである。

経済大国であり国際社会における極めて重要なプレーヤーである日本は、世界の安全保障構造で特異な位置を占めている。中国やロシアといった地域の大国と海を隔てて接し、朝鮮半島に近接する日本の安全保障上の懸念は多面的かつ多種多様である。日本の戦略的選択は、歴史的経験、特に平和主義憲法とストイックな専守防衛姿勢という第2次世界大戦の遺産の影響を受けている。しかし安全保障環境の変化は、日本の安全保障政策の再評価と再調整を必要としてきている。

日本の安全保障政策は、多極化へのシフト、非伝統的安全保障上の脅威の拡散、技術革新の重要性の増大といった世界的潮流にも対応せねばならない。サイバー脅威の台頭、宇宙安全保障への懸念、レジリエントなサプライチェーンの必要性は、日本が取り組まなければならない新たな課題である。技術先進国である日本は、サイバーセキュリティや宇宙セキュリティに関する規範や枠組みを発展させ、世界の安定と安全保障に貢献するリーダーとしての可能性を秘めている。

さらに、日本の安全保障政策はその経済戦略と密接に結びついている。エネルギー安全保障、技術的リーダーシップ、安全なサプライチェーンを含む経済安全保障は、日本の安全保障戦略全体にとって不可欠である。新型コロナウイルスのパンデミック（世界的大流行）は、経済的レジリエンス（復元力）の重要性とグローバルサプライチェーンの脆弱性に対処する必要性をさらに浮き彫りにした。サプライチェーンを多様化し、特に半導体や医薬品などの重要分野において、特定の国への依存を減らす日本の努力は、安全保障政策の不可欠な要素である。

長い人類の歴史を見れば、ローマとの第3次ポエニ戦争で滅亡したカルタゴや、ナポレオンが率いるフランス軍に降伏して滅亡したヴェネチア共和国のように、戦争が原因で国が滅亡した事例は多い。基本的に国際社会は（世界的な中央政府は存在せず）アナーキー（anarchy）なため、伝統的なリアリズムの世界において、国の存続を考慮すると、経済よりも安全保障の優先順位の方が高い。言わば経済は安全保障に従属する。

だが、第1次世界大戦（1914－18年）や第2次世界大戦（39－45年）以降、特に冷戦期において は、見かけ上、経済と安全保障が分離されているかのような状況が醸成された。

この理由の断定は難しいが、一つの有力な仮説は、米国はソ連との核抑止問題に取り組むなど冷戦に対応するため、同盟国を経済的に西側陣営にとどめ、その陣営を強固にする必要があったという事実に関係すると思われる。すなわち、この目的を達成するため、米国は自由主義的な国際経済を推進しながら、欧州や日本に経済支援を行ってきたわけで、一部の例外を除き、西側陣営では経済が政治問題化する事例が少なかったという仮説だ。

この仮説は、安全保障は「高次の政治」領域の問題に位置づける一方、経済は「低次の政治」領域の問題として区別する、いわゆる「ツー・トラック・システム（a two-track system）」の下での運用にもつながる。また、第2次世界大戦以降、世界での戦争や紛争の犠牲者数も減少傾向にあったことも、経済と安全保障の問題を分離可能とする雰囲気を醸成したと思われる。

もっとも、第2次世界大戦後において、国家間の紛争や内戦は必ずしも減少していない。1970年以降、内戦は増加しており、件数は少ないが国家間での紛争も定期的に勃発している。また、米ソの冷戦が終結した1989年まで、国際連合（United Nations）はわずか2件しか経済制裁を発動しなかったが、90年以降は24件以上も発動している。

なぜ、冷戦が終結したにもかかわらず、近年、世界的に紛争や経済制裁が増加傾向にあるのか。この問いに対する解明は難しいが、一つの仮説としては、ハーバード大学のアリソン教授が提唱した「トゥキディデスの罠」論が関係している可能性がある。「トゥキディデスの罠」とは、古代アテネの歴史家トゥキディデスから名づけたものだが、「台頭する新興国と挑戦を受ける覇権国との間で発生する揺らぎこそが、均衡と安定の最大の敵であり、それが国家間の摩擦や戦争などの衝突を引き起こす」という仮説を指す。

この仮説は、コヘイン（1984）の「覇権後の理論」もあるが、基本的にロバート・ギルピン（1930－2018）等の「覇権安定論（Hegemonic Stability Theory）」の延長に属するものに思われる。

「トゥキディデスの罠」仮説に対する批判も存在するが、アリソン（2017）では、アリソン教授が率いる研究チームが過去500年間の覇権争い（16事例）を分析したところ12事例が戦争に発展し、この理論で説明できるとしている。現在の覇権国である米国は圧倒的なパワーを保有しているが、経済力でも軍事力でも中国が追い上げはじめ、米国も一定の脅威を感じている。

このような状況のなか、2022年2月にはロシアのウクライナ侵攻が起こった。また、翌2023年10月にはハマスによるイスラエルに対する越境攻撃が始まり、その後のイスラエルのガザ地区への侵攻も世界を揺るがしている。台湾有事や北朝鮮の問題などもあり、日本の国防政策の在り方も再考を迫られている。

こうした情勢に対応するため、2022年12月、政府は防衛費（対GDP）を倍増することを決め、23年度から5年間の総額を43兆円程度とすることを閣議決定した。しかしながら、国際秩序の変容の先行きを考えた場合、国防政策の問題は財源のみの問題ではない。例えば、急速な人口減少が進むなか、不足する自衛隊員の問題をどうするか、核の問題にどう向き合っていくのか等の問題についても、中長期的な視点で議論を行い、議論を深める必要があるのではないか。

本書は、鹿島平和研究所主催の「国力研究会」「安全保障外交政策研究会」のメンバーなどが中心となり、17の論点につき整理を行い、鹿島平和研究所「国力研究会」のプロジェクトの一部成果として、その内容を書籍として世に問うものである。時代が混迷し、不確実性が増す今だからこそ、議論の整理が必要な段階にきていると思われる。

このような問題意識の下、安全保障や経済など異なる分野の専門家が集まり、「不足する自衛隊員の問題をどうするか」「有事の財源調達をどうするか」「核抑止の問題や軍備管理・軍縮にどう対応するべきか」「核シェアリングと拡大抑止において日本の選択肢はどうあるべきか」「台湾有事や尖閣占拠にどう対処するか」「日米同盟はどのように強化すべきか」「日欧、諸外国との安全保障協力の充実にどう対応するか」「平時や有事でのエネルギー資源・食料の調達をどうするか」「核兵器攻撃と原子力施設への軍事攻撃にどう備えるか」「防衛産業をどう育成するか（日本版D

ＡＲＰＡ構想）」「国家安全保障と国民意識との関係をどうするか」「宇宙・サイバー・電磁波領域をどう防衛するか」「気候変動による装備・施設・運用への影響にどう対処するか」「先端技術を防衛にどう活かすか」「日本のインテリジェンスは必要十分か」「経済安全保障において経済と安全はどのようにバランスをとるべきか」「自衛隊をめぐる関連法制はどのように再構築されるべきか」といった17の論点につき、微力ながらも、議論のたたき台を提供することを目的に、整理を行った。

混迷する時代のなか、日本の国防基盤を確かなものにする一助になることを期待したい。

２０２４年12月

元防衛事務次官　秋山昌廣

法政大学教授　小黒一正

京都大学教授　関山　健

【参考文献】

・グレアム・アリソン（２０１７）『米中戦争前夜』（藤原朝子訳）ダイヤモンド社

・Keohane, Robert Owen (1984) *After Hegemony: Cooperation and Discord in the World Political Economy*, Princeton University Press

論点解説　日本の安全保障　目次

論点3　核抑止の問題や軍備管理・軍縮にどう対応すべきか

論点4　核シェアリングと拡大抑止において日本の選択肢はどうあるべきか

論点5　台湾有事や尖閣占拠にどう対処するか

論点8　平時や有事でのエネルギー資源・食料の調達をどうするか

論点9　核兵器攻撃と原子力施設への軍事攻撃にどう備えるか

論点10　防衛産業をどう育成するか（日本版DARPA構想）

論点11　国家安全保障を支えるために、国民にはどのような意識が必要か

論点12　宇宙・サイバー・電磁波領域をどう防衛するか

論点17　自衛隊をめぐる関連法制はどのように再構築されるべきか

法政大学教授　小黒一正
平和・安全保障研究所理事長　徳地秀士

論点 1

不足する自衛隊員の問題にどう対処するか

POINT

防衛力強化の議論では財源や装備などに議論が集中するケースが多いが、本当に有事になったら、いくら自動化や人工知能（AI）の導入が進んでも、戦争に赴くのは生身の自衛隊員だ。人口減少が急速に進むなか、防衛省は人的基盤強化の委員会等を立ち上げ、①処遇面を含む職業の魅力向上、②AIなどを活用した省人化・無人化、③OBや民間の活用などを掲げているが、最も重要なのは、初等中等教育の段階から、国防や自衛官の現状に対する国民の理解を深める努力だ。また。例えば、任期制自衛官や若年定年を迎えた自衛官につき、他の官庁（警察、海上保安庁、税関等）が優先的に雇用する仕組みを構築し、再就職を保障する検討なども重要だ。

1. 急速に進む少子化と自衛隊の人員問題

人口減少が進むなか、日本の防衛力の中核を担う自衛隊の人員問題も深刻さを増す状況にあるが、この考察を行う前に、まず日本の人口問題の現状を確認しておこう。

人口問題のうち最も深刻なのが急速に進む少子化だ。最近も、2023年の合計特殊出生率（以下「出生率」）が1・20になり、過去最低を更新したことが話題となった。これまでの過去最低値は2022年の出生率（1・2565）だったが、この値をさらに下回った状況だ。しかも、1970年代前半に200万人程度であった出生数は、2022年には80万人を割り、77万人にまで減少しており、23年の出生数は概ね72万人に落ち込む。

出生数は今後も引き続き減少し、減少スピードが加速する可能性がある。というのも、2000年から現在までの減少率は年平均で2％弱となる。政府の予測（国立社会保障・人口問題研究所「将来推計人口」〈令和5年〉の中位推計）では、出生数が2043年に70万人、2052年に60万人、2071年に50万人をそれぞれ割るとしているが、現在のトレンドが継続すると、早ければ2024年、遅くとも2020年代後半には出生数が70万人を割り込む可能性も高い。その場合、60万人割れは2030年代、50万人割れは2040年代となる。

表1－1　少子化の深刻度合い

出生数	政府予測	トレンド延長	前倒し
80万人割れ	2022年（2033年）	2022年	0年
70万人割れ	2043年（2046年）	2028年	15年
60万人割れ	2052年（2058年）	2036年	16年
50万人割れ	2071年（2072年）	2046年	25年

（注）（　）内は2017年の予測
（出所）国立社会保障・人口問題研究所「将来推計人口」（2023年）中位推計から筆者作成

○取り残された人的基盤強化

中国の軍事的台頭が顕著になるなか、ロシアによるウクライナ侵攻も勃発し、自民党内で防衛費を一定期間内に国内総生産（GDP）比で2％以上に引き上げるべきとの議論が盛り上がり、2022年12月、岸田文雄内閣が新たな安保関連三文書を策定し、そのなかで防衛費の大幅な増額も決定された。

安保関連三文書とは、「国家安全保障戦略」「国家防衛戦略」「防衛力整備計画」を指し、このうち、「国家安全保障戦略」は国の外交・安全保障政策の基本方針を定めるもので、2013年12月に初めて策定したものをいう。

また、「国家防衛戦略」はそれ以前の「防衛計画の大綱」に代わるものとして定められたものであり、「国家安全保障戦略」に沿って防衛政策の大枠を示すものである。すなわち、同文書の言葉をそのまま借りれば、「我が国の防衛目標、防衛目標を達成するためのアプローチ及びその手段を包括的に示すもの」となっている。

「防衛力整備計画」は、「国家防衛戦略」に定められた防衛目標の達成に向けて、概ね10年後に保有すべき防衛力の水準と向こう5年間の防衛力整備の主要事業と防衛関係費の総額を定めたものである。

防衛力強化の議論では財源や装備などに議論が集中するケースが多いが、防衛力の中核を担う人員体制は本当に問題ないのか。そもそも、本当に有事になったら、いくら自動化やＡＩの導入が進んでも、戦争に赴くのは生身の自衛隊員である。現在の防衛力拡充に関する議論で見落とされているのが、急速な人口減少が進むなか、自衛隊の定員をどう確保あるいは見直すかという問題ではないか。

人件費はいかなる組織でも予算上それなりに大きな塊となっているから、コストの抑制や削減の際、ターゲットになりやすい費目である。しかし、人材はコストではない。ある人曰く、装備品は導入したその日からどんどんと陳腐化していくが、人は磨けば磨くほど能力が向上し光を増す資産であると。そういう意識を持ってこの難題に対処することがまず必要である。

２０１８年の「防衛計画の大綱」では、「防衛力の中心的な構成要素の強化における優先事項」の第一に掲げられたのが「人的基盤の強化」であり、この項目は「技術基盤の強化」や「産業基盤の強靭化」よりも優先度の高い項目として掲げられていた。

ところが、２０２２年の前記3文書では、人的基盤強化の優先度が落ちている。特に「国家安全保障戦略」で防衛産業・技術基盤が「いわば防衛力そのもの」という位置づけを与えられ、さらに武器輸出の推進が日本の防衛体制の強化策の一つとして掲げられたこともあり、人的基盤の強化という大きな課題が取り残されてしまった感さえある。

表 1－2　自衛隊の定員と現員の構成と推移

定員と現員の構成（2024年 3 月末時点）　（人）

区分	陸上自衛隊	海上自衛隊	航空自衛隊	統合幕僚監部等	合計
定　員	150,246	45,414	46,976	4,519	247,154
現　員	134,011	42,375	43,025	4,100	223,511
充足率（%）	89.2	93.3	91.6	90.7	90.4

区分	非任期制自衛官								任期制自衛官	
	幹部		准尉		曹		士			
定　員	46,483		4,898		141,657		54,116			
現　員	43,062	(2,762)	4.768	(126)	139,037	(10,433)	22,290	(3,775)	14,394	(2,865)
充足率（%）	92.6		96.7		98.2		67.8			

（注）1　定員は予定定員
　　　2　現員の（　）は女子で内数
　　　3　統合幕僚監部等の「等」は、内部部局、防衛装備庁、情報本部、共同の部隊を指す

定員と現員の推移

（注）定員と現員は各年度末の数値
（出所）防衛省編（2024）『令和 6 年版 防衛白書　資料編』208頁

２０２２年度における国家公務員数は約59万人だが、その5割弱の約27万人が防衛省の職員である。防衛省職員の構成は、トップの防衛大臣を含む事務官等が約2万人、残りの約25万人が自衛官となる。あまり知られていないが、自衛隊の創設以来、自衛官の定員を充足したことは一度もない。

自衛官の階級は16階級制だが、大別すると、「将」「佐」「尉」「曹」「士」の5つがある。『令和6年版 防衛白書』によると、このうち、幹部（「将」「佐」や3尉以上の「尉」）の定員（約4・6万人）、准尉（「尉」で一番下の階級）の定員（約0・5万人）、「曹」の定員（約14万人）は、概ね93～98％の充足率だが、会社組織で言うなら平社員に相当し、現場の中心となる「士」の定員（約5・4万人）は、充足率を約68％しか満たしていない。

また、有事などの際に必要な自衛官の不足に対応するため、「予備自衛官」（定員約4・8万人）、「即応予備自衛官」（定員約0・8万人）の制度もあるが、定員充足率は概ね70％や50％しかない。

○採用率低下の衝撃

この関係で、筆者にとって衝撃的だったのは、２０２３年度の採用率である。採用率とは「自衛官の採用計画上の募集人数に対する採用人数の割合」をいうが、２０２３年度の採用計画では、防衛省は1万９５９８人を募集していた。しかしながら、防衛省の資料を確認する限り、同年度は９９５９人の採用しかできておらず、採用率は50・8％で過去最低に陥っている。２０２２年度の採用率は65・8％なので、急速な低下である。なお、「士」の職務に就く自衛官候補生の採用率も２０２２年度は43％であったが、２０２３年度は30％に急低下している。

自衛官の最大の募集源は、18歳の高等学校卒業生である。現在は概ね１００万人である。つまり、単純化して述べれば、今でも50人に１人を自衛隊に採用する必要があったのに、実際には１００人に１人しか採用できていない。18年後の２０４０年には、募集源そのものが75万人程度に減少すると見込まれる。

募集人数を同じと仮定すれば、２０４０年には38人に１人を採用する必要があるが、それは現状の3倍近くの高い壁ということになる。多くの若者が自衛官を職業として選択したいと思うような施策を講ずることも重要であるが、それにしてもこのように多くの割合の若者が自衛官を志すようになると考えるのも現実的とは言えず、何らかの体制見直しは必要である。

徴兵制でもとるのでない限り、決定打と言える施策があるとは考えられない。考えられることは何でも考えて、できるだけ多くの施策を積極的かつ柔軟に積み重ねていくしかない。

○本末転倒の議論を正す

もっとも、日本の自衛官の定員が多すぎるのではないかという議論もあるだろう。しかし、それは本末転倒の議論である。人口減少という厳然たる事実の前で見果てぬ夢を見ても仕方がないという考え方もあるかもしれないが、自衛官の定員は兵力規模の一部であり、それは基本的に防衛所要、すなわち、日本に対する脅威との関係で決まる。脅威が減少しているから自衛官も減らすというのであれば論理的であるが、日本の若年人口が減っているから自衛官の数を減らすというのでは、国防などやっていられないのである。

しかも、日本には地震や台風などの大規模自然災害の多発という事情もある。自衛隊には災害救援を期待しないし出動してもらう必要は一切ないと国民が言うのであればともかく、現状はそうではない。気候変動の影響もあり、これからますます災害救援のニーズは増えるだろう。災害救援でも特に、瓦礫の山の中から被害者を助け出す捜索救難に機械力の投入が適切とは限らない。どうしても人的手段による救援は不可欠である。

なお、冷戦終結後、とかく防衛力整備上目の敵にされがちであった陸上自衛隊の編成定数については、2010年の「防衛計画の大綱」までは減らされ続けてきたが、もはや我慢の限界とされ、13年の「防衛計画の大綱」で若干の増に至り、その水準は18年の「防衛計画の大綱」でも維持されたが、統合運用の強化や海上および航空自衛隊の増員所要に対応するため、陸上自衛隊の定数約2000人が共同部隊と海上・航空自衛隊に振り替えられ、結果として「防衛力整備計画」では、陸上自衛隊の常備自衛官定数が2000人の減となっている。

2. 諸外国との比較

とはいえ、諸外国の人口との比較で自衛官の定員の適切性の度合いを判断することもあながち意義がないわけではないと考えられるので、世界銀行の統計データ（２０１２年）を用いて、米国やロシア・中国などの諸外国と比較してみよう。

各国の人口が異なるため、労働人口当たりの兵士数を指標として比較すると、まず、北朝鮮における労働人口当たりの兵士数は約９％、イスラエルやシンガポールは約５％、韓国は約２・５％、ロシアは約１・８％、イタリアは約１・４％、タイやフランス、ベトナム、ノルウェーは約１％で、米国は約０・９４％となっている。また、フィンランドは約０・９％、エストニアは約０・８％、インドや英国、スイスは約０・５％、オランダは約０・４８％、オーストラリアは約０・４６％、ドイツは約０・４５％で、日本は約０・４％となっている。中国は、日本以下の約０・３８％だが、人口が日本の10倍なので、兵士数も概ね10倍となる。なお、カナダは約０・３４％、スウェーデンは約０・３％で、世界平均は約１・３％である。

世界平均（１・３％）は概ね日本（０・４％）の約3倍であるが、急速に少子化が進む日本が自衛官の定員で世界標準の体制を整備するのは、やはり現実的ではないだろう。

しかも、自衛隊は、基本的には体力勝負の職業である。その意味での精強さを保つため、若年定年制および任期制という制度を採用している。「士」は任期制隊員であるが、「曹」以上の隊員のうち、3曹から1佐までの自衛官については、一般職公務員と異なり60歳未満で定年となる。装備品の高度化、任務の多様化等への対応のため、より一層熟練した隊員、専門性を有する隊員を確保する必要が高まっていることから、知識・技能・経験を備えた人材の有効活用のため、自衛隊は、自衛官の定年年齢の引き上げをこれまでも実施してきているが、2023年においては一番低い定年年齢は2曹及び3曹の54歳であり、これが24年度以降に55歳に引き上げられることとなっている。しかし、定年年齢の引き上げには限度があるし、また、これも人的基盤の強化のための切り札ではない。

3. 人的基盤の強化に向けての対応策

○防衛装備増強だけでは足りない

この問題に我々はどう対処するのか。一つの戦略としては、防衛装備の増強で対処する方向性もあるだろう。例えば、今まで人力に頼っていた作業を機械にやらせるという方法もあるだろう（機械化）。今まで100人で動かしていた装備を50人で動かせるようにするとか人工知能（AI）の活用という方法もあるだろう（省人化・無人化）。アウトソーシングなどにより民間の力を活用するという方法もあるだろう（部外力活用）。しかし、政府債務が累増するなかで財政的な制約も存在する。また、いずれにしても、人口減少が急速に進むなかでも国防に必要とされる有能な人材の確保は必要不可欠である。とすれば、何か別の戦略を検討する必要がある。

このような状況のなか、防衛省は、２０２３年2月、防衛大臣の下に部外有識者からなる「防衛省・自衛隊の人的基盤の強化に関する有識者検討会」を設置し、この検討会はその後同年7月に報告書を公表している。同省はさらに、翌24年7月、「人的基盤の抜本的強化に関する検討委員会」（委員会のトップは防衛副大臣）を立ち上げ、第1回の検討委員会を7月8日に開催している。

自衛官の採用が厳しさを増す背景には、人口減少のほか、高卒新卒者の有効求人倍率の向上や、他の業種との人材の争奪戦が激しくなったことが深く関係しており、これまでに3回の委員会を開催し、8月19日に中間報告書をまとめた。対応策の骨格は、①処遇面を含む職業としての魅力化、②人工知能（ＡＩ）等を活用した省人化・無人化による部隊の高度化、③ＯＢや民間などの部外力の活用である。

また、現在、自衛官の処遇改善、勤務環境の改善および新たな生涯設計の確立等のため、「自衛官の処遇・勤務環境の改善及び新たな生涯設計の確立に関する関係閣僚会議」が設置され、政府は、24年12月20日にこの問題に関する「基本方針」を決定し、25年度以降の予算にその内容が反映されることとなった。

○少なくとも解決すべき5つの問題

既に述べた通り、考えられることは何でも積極的かつ柔軟に実施していくことが必要であるので、ここでは、個別の施策ではなく、基本的な問題点と考えられることを指摘しておきたい。

第一に、自衛官は極めて特殊な職業である。侵略に対して体を張って戦うことが求められる職業である。つまり、命と引き換えの職業なのである。そういう厳しい状況に自らを置かなければならないし、部下にもそれを命じなければならない。一般社会とはまったく異なる環境に自らを投ずる職業である。単に危険というだけではない。

ところが、普段は侵略に備えて教育を受け訓練をするのが仕事であり、抑止が効いている限り実際の戦争は起きないから、極限的な厳しさが国民にはなかなか理解されない。

どうすれば理解してもらえるか。一番重要なことは、国民一般に対する教育ではないか。初等中等教育のなかで、国防とはどういうものであって、そのためには何が必要か、自衛官は何のために何をしているのか、といったことを正しく子供たちに教えていかなければならない。

戦争は悲惨なものに決まっているが、戦争は悲惨だから平和が大切、と言っているだけでは真の教育ではない。どうすれば平和を確保できるのかということについて、日本を取り巻く国際社会の現実をしっかりと踏まえた教育が行われなければならない。

第二に、募集環境が厳しくなっているという現状についての国全体としての認識が足りない。確かに冷戦時代と異なり、自衛隊の存在は目立つようになってきた。駐屯地や演習場の中で教育訓練に従事しているだけでなく、実任務を多く抱えるようになった。海外に出かける任務も増えた。国内の災害派遣のニーズは増えるばかりである。東日本大震災の際の自衛隊の活躍もあり、自衛隊の活動に対する認識は増大した。評価も上がった。

しかし、それは、中学生や高校生のような若者が自衛官を自らの将来の職業選択肢の1つとして明確に意識するというところにまで至っていない。自衛隊の駐屯地などの施設は、警察の交番や消防署などと異なり、全国のどこにでも身近にあるというわけではない。あってもその中を覗くことは容易ではない。報道における自衛隊の存在感は増していても、国民の日常生活における自衛隊の存在感が低いのである。

やはりここでも、国民一般に対する教育が重要となろう。自衛官という立派な職業があるということを、公教育の場ではっきりと若者に示さないといけない。自衛官としての日常生活も、その本当の厳しさもやりがいも含めて、将来の日本のために理解させないといけないのである。これを可能にするためには、学校と自衛隊側の連携・協力が必要不可欠である。

第三に、自衛官の処遇の低さである。そもそも日本では国家公務員全般の処遇があまりに低いということが問題であるが、これまで一般職公務員とのバランスを配慮しすぎて自衛官の処遇が一般職に比しても後追いとなりがちであることから、自衛官の処遇は、その職務の重要性や厳しさに比して低くなっている。

2023年7月の「防衛省・自衛隊の人的基盤の強化に関する有識者検討会報告書」には、「安全保障環境の変化に伴い、自衛隊の任務も拡大している。現状、自衛官の俸給表は公安職俸給表をベースとした独自のものではあるが、引き続き、自衛隊の任務の特殊性を評価し、自衛官として相応しい処遇となるよう俸給表の見直しを含めた検討をする必要があるのではないか」という問題意識が示されているが、これは、俸給表だけの問題ではないだろう。

第四に、任期制自衛官に関する課題を論じてみたい。任期制自衛官は、2、3年を1任期として任用される。前記の「有識者検討会報告書」には、「士は強靭な体力や気力が必要となる階級であり、そのためには常に士の新陳代謝を図り若く壮健な人材を確保する必要があることから、任期を定め雇用する任期制自衛官は今後も必要な制度である」と書かれている。

確かに必要な制度ではあるが、終身雇用ではないという意味でその身分は不安定である。いくら転職がまれでない世の中になったとはいえ、ある程度の任期を経たらまた就職活動をしなければいけないような不安定な職業に就くことを歓迎する親などいるだろうか。任期を終えた後の就職について明るい展望が開けるような制度になっていなければ、単なる目先の処遇だけでは必要な数と質の人材の確保はできないと考えるべきである。

最後に、自衛官募集に関する国全体の取り組みの必要性について述べておきたい。自衛隊の隊員の募集に関わる問題であるから、防衛省・自衛隊が主体的に動かなければどうしようもない話ではあるが、防衛省・自衛隊だけでできることは限られている。

国防の重要性を国民に訴えるにせよ、職業としての認知度を上げるにせよ、あるいは任期制自衛官の退職後の選択肢を増やす試みにせよ、地方自治体も巻き込んで国全体で取り組むべき問題である。そのための制度的枠組みをつくって、関連施策を統一的かつ強力に進めていく必要がある。

例えば、任期制自衛官や若年定年を迎えた自衛官については、他の官庁（警察、海上保安庁、税関等）が優先的に雇用する仕組みをつくって再就職を保障するということも考えられる。

また、再就職のみでなく、募集段階での戦略も重要だ。例えば、日本の高等教育機関で学ぶ学生（約360万人、2021年度時点）のうち、約120万人（約32％）が日本学生支援機構（JASSO）の貸与奨学金を利用しており、卒業後に奨学金の返済に悩む学生もいる。

このような状況のなか、自衛官等採用試験のうち、幹部候補生（一般）では、大卒程度試験（22歳以上26歳未満）や院卒程度試験（20歳以上28歳未満）があるが、これらの試験に合格し、一定期間（例：3～5年）、自衛隊の任務を遂行すれば、奨学金の返済を無効や大幅に減額とするような政策があってもいいのではないか。

このほか、予備自衛官の活用をより柔軟なものにすることも重要である。防衛出動時のような緊急事態の際だけでなく、平時における幕僚業務（特に予算、人事など）において自衛官OBの予備自衛官を普段から使えるようにしたらよいのではないか。また、そのような場合には、招集に閣議決定とそれに基づく内閣総理大臣の承認を要するなどという大がかりな手続きは要らないこととすべきではないか。

さらに、外国人を自衛隊に入れることは自衛隊の任務に照らして適当ではないが、外国人労働者を日本社会により多く受け入れれば、自衛隊と民間企業との間での人材の奪い合いが軽減されるはずである。外国人労働者受け入れについて、自衛隊の募集との関係からも検討していくことが必要であろう。

論点
2

有事の財源調達をどうするか

法政大学教授　小黒一正

POINT

政府は2023年度から2027年度まで、5年間における防衛費総額（「防衛力整備計画」対象経費の総額）を約43兆円とすることを閣議決定し、防衛力の基盤強化を進めている。これは防衛力の抜本的強化に向けた第一歩だが、防衛力の基盤は豊かな経済力や健全な財政であることも忘れてはならない。現下の国際情勢に鑑み、有事に陥っても対応可能な財政的な余力を高めることも重要である。

1. 防衛費拡充の経緯

２０２２年12月16日、政府は２０２３年度から２０２７年度までの5年間における防衛費総額（正確には「防衛力整備計画」対象経費の総額）を約43兆円とする閣議決定を行った。この経緯は、次の通りだ。まず、中国の急速な軍拡や北朝鮮の核・ミサイル開発等の影響もあるが、防衛費再考のトリガーとなったのは、２０２２年2月に起こったロシアのウクライナ侵攻である。ロシアとウクライナの戦争は現在も決着がついていないが、「冷戦終結以降、このような戦争はない」と思い込んでいた世界に大きな衝撃を与えた。

日本の周辺でも、中国と台湾の問題等があり、冷戦後の国際秩序も大きな変容を迫られはじめている。このような状況のなか、岸田文雄前首相のリーダーシップや政治判断もあり、政府は「経済財政運営と改革の基本方針２０２２」（２０２２年6月7日・閣議決定）において、防衛費（対ＧＤＰ比）の拡充を念頭に、「新たな国家安全保障戦略等の検討を加速し、国家安全保障の最終的な担保となる防衛力を5年以内に抜本的に強化する」旨の記載を行った。

これと連動する形で、２０２２年7月に参議院選挙を控えていた自民党は、同年6月16日に選挙公約を公表している。

この公約では、「外交・安全保障」を重視する姿勢を前面に打ち出し、「ＮＡＴＯ諸国の国防予算の対ＧＤＰ比目標（2％以上）も念頭に、真に必要な防衛関係費を積み上げ、来年度から5年以内に、防衛力の抜本的強化に必要な予算水準の達成を目指」す旨の記載を行った。選挙公約とともに公表した、自民党・政務調査会の「総合政策集２０２２　Ｊ－ファイル」（２０２２年6月16日）の「安全保障」でも、以下の通り、より詳細に記載している。

663　防衛力の抜本的な強化

国家安全保障の最終的な担保は防衛力であり、現在わが国が置かれているかつてなく厳しい安全保障環境を踏まえれば、抑止・対処を実現するため、防衛力の抜本的な強化は一刻の猶予も許されません。その裏付けとなり、また、自国防衛の国家意思を示す大きな指標となるものが防衛関係費です。ＮＡＴＯ諸国の国防予算の対ＧＤＰ比目標（2％以上）も念頭に、わが国としても、5年以内に防衛力を抜本的に強化するために必要な予算水準の達成を目指します。その際、将来にわたり、わが国の独立と平和を守り抜く上で真に必要な防衛関係費を積み上げて、具体的な防衛力整備計画を作成します。なお、新たな防衛力整備計画の初年度に当たる２０２３年度予算においても上記の趣旨を踏まえ、必要な経費を確保するものとします。

このような流れを受けて、２０２２年12月16日、政府は２０２３年度から２０２７年度まで、

5年間における防衛費総額（「防衛力整備計画」対象経費の総額）を約43兆円とすることを、閣議決定した。

政府の計画では2027年度の防衛費（防衛力整備計画対象経費）は、SACO（沖縄に関する特別行動委員会）・米軍再編の経費を除き、8・9兆円程度に到達する。2022年度当初予算（国の一般会計予算）の防衛費は5・4兆円（中期防衛力整備計画対象経費5・2兆円＋SACO・米軍再編経費0・2兆円）であったので、2027年度で1・7倍に拡充されることを意味する。なお、中期防衛力整備計画との比較では、8・9兆円程度（防衛力整備計画対象経費）は、2023年度当初予算の防衛費は6・8兆円（防衛力整備計画対象経費6・6兆円＋SACO・米軍再編経費0・2兆円）、2024年度は7・9兆円（防衛力整備計画対象経費7・7兆円＋SACO・米軍再編経費0・2兆円）となっている。

2. 防衛費2％目標との関係

テレビや新聞の議論では、今回の措置により、防衛費が対GDP比で2％になるとの議論もあるが、それは誤解である。確かに、2022年7月の参院選における自民党の選挙公約では、「NATO諸国の国防予算の対GDP比目標（2％以上）も念頭に」という記載があるが、政府が閣議決定した文書で、そのような記載はない。「経済財政運営と改革の基本方針2022」（202

2年6月7日・閣議決定）でも、「防衛力を5年以内に抜本的に強化する」旨の記載にとどめている。

また、政府が2022年12月に決定した「国家安全保障戦略」（2022年12月16日・閣議決定）では、以下のように記載されている（傍線は筆者）。

「国家安全保障戦略」（2022年12月16日・閣議決定）

Ⅵ　我が国が優先する戦略的なアプローチ

2　戦略的なアプローチとそれを構成する主な方策

(2)　我が国の防衛体制の強化

ア　国家安全保障の最終的な担保である防衛力の抜本的強化

（略）

このように、必要とされる防衛力の内容を積み上げた上で、同盟国・同志国等との連携を踏まえ、国際比較のための指標も考慮し、我が国自身の判断として、2027年度において、防衛力の抜本的強化とそれを補完する取組をあわせ、そのための予算水準が現在の国内総生産（GDP）の2％に達するよう、所要の措置を講ずる。

イ　総合的な防衛体制の強化との連携等

我が国の防衛上の課題に対応する上で、防衛力の抜本的強化がその中核となる。しかし、安全保障の対象・分野が多岐にわたるため、防衛力のみならず、外交力・経済力を含む総合的な国力を活用し、我が国の防衛に当たる。このような考えの下、防衛力の抜本的強化を補完し、それと不可分一体のものとして、研究開発、公共インフラ整備、サイバー安全保障、我が国及び同志国の抑止力の向上等のための国際協力の四つの分野における取組を関係省庁の枠組みの下で推進し、総合的な防衛体制を強化する。

まず、最初の傍線部分で重要なのは、「現在の国内総生産（GDP）の2％」である。「現在のGDP」とは「2022年度GDP（実質見込み）の560・2兆円」をいい、その2％は約11兆円を意味する。この約11兆円が安全保障関連経費となるが、2番目の傍線部分の通り「研究開発、公共インフラ整備（略）を関係省庁の枠組みの下で推進」という記載があり、この約11兆円から、「研究開発、公共インフラ、サイバー安全保障、国際協力」の約1兆円、「海保・PKO等」の約0・9兆円、「SACO・米軍再編」の約0・2兆円を除き、残りの8・9兆円程度が防衛力整備計画の対象経費となる。

このため、防衛力の抜本的強化のため、政府は防衛力整備計画に従い、5・2兆円の中期防衛力整備計画対象経費（2022年度当初予算）から、5年間（2023－2027年度）で段階的に、8・9兆円程度まで予算を増やす。この総額が40・5兆円だが、これに「防衛力整備の水準の達成のための様々な工夫」の2・5兆円を加えて、43兆円が「防衛力整備計画」（202

3－2027年度）の総額となる。

なお、財政制度等審議会・財政制度分科会が取りまとめた「令和6年度予算の編成等に関する建議」（2023年11月20日）の71ページに記載の通り、「『防衛力整備計画』では、過去の「中期防衛力整備計画」と異なり、防衛力整備の水準にかかる総額（43兆円程度）等を名目値で記載」している。

例えば、「中期防衛力整備計画」（2019－2023年度）では、防衛力整備の水準を27・47兆円程度（5年間の総額）と定め、この総額は18年度の価格にすぎず、インフレや円安等の影響は調整可能だったが、「防衛力整備計画」（2023－2027年度）では異なり、「物価上昇や為替の減価等の影響はその枠内で対応しなければならない」という点も留意が必要である。

3. 防衛力の真の基盤とは何か

以上の通り、防衛力の抜本的強化のため、政府は「防衛力整備計画」（2023－2027年度）対象経費の総額を43兆円程度に拡充した。この取り組みは一つの前進だが、防衛力の基盤である経済力や財政の基盤強化も重要ではないか。

冷戦期の米国やその同盟国の脅威は核大国のソ連であったが、新冷戦とも呼ぶべき現在の脅威は、2つの核大国（中国とロシア）となる。日本を取り巻く東アジアの地政学的リスクは様々だが、主な懸念事項は「台湾有事」「北朝鮮有事」「ロシアによる事態」の3つと思われる。このうち、台湾有事のシナリオも一つではないが、小野田（2022）では「中国が米軍の介入を前提として、本格的な侵攻に踏み切る可能性は低いものの、排除はしきれない」とし、「この場合、中国が作戦失敗のリスクを最小限にして目的を達成するためには、台湾攻撃より前、あるいは同時に自衛隊、在日米軍、グアム、航行中の艦艇などを攻撃すること」や、「この攻撃がある程度成功すれば、米軍はハワイ、あるいは米本土からの来援に慎重にならざるを得」ず、「日本への攻撃は、九州、南西方面の航空基地、港湾、通信ネットワークのノード、電力インフラ、石油貯蔵施設などが主要な目標になる可能性が高い」とも指摘する。

有事では大規模な国債発行をしてでも戦争遂行に必要な財源や資源を調達する必要があり、それが可能なためには平時こそ健在な財政基盤を構築しておく必要がある。この趣旨を深く認識していたのが、「明治維新」直後の日本ではないかと思う。

周知の通り、明治維新後のスローガンは、「富国強兵」であった。「富国」という言葉があるのは、西欧列強に対抗するには、「強兵」（軍事力）のみでなく、その基盤である経済力が重要だと認識したからである。この経済力には、政府の財政基盤も含む。想定外の有事が発生した場合であっても、国家のリスクマネジメントの観点から、財政に対する信認を確保しながら、十分な財政措置を講じることができるよう、財政余力を確保し、財政の強靭化を進めていく必要があるためだ。すなわち、防衛力の基盤は、豊かな経済力や健全な財政である。

しかし、理想とは異なり、戦前の財政基盤は脆弱であった。例えば、『昭和財政史 第四巻――臨時軍事費』（大蔵省昭和財政史編集室編）によると、日本の過去の戦争（日清戦争以降）において、戦費に占める国債および借入金の割合は、日清戦争が51％、日露戦争が82％、第1次世界大戦が61％であり、太平洋戦争では86・4％にも達している。

しかも、日清戦争から敗戦までの約50年間において、戦争およびその処理のための支出が財政統計上に出てこない年は一度も存在せず、国の一般会計と臨時軍事費との純計に対する直接軍事費の割合は、低い時期でも3割に近く、高い時期では9割も占めていたことが分かる。

また、板谷敏彦『日露戦争、資金調達の戦い――高橋是清と欧米バンカーたち』（新潮選書）では、日露戦争での勝利を収めるにあたって、陸戦や海戦のみでなく、ロンドンやニューヨークでの高橋是清らの戦費調達（日本国債の売り出し）がいかに重要な役割を担ったのか、その詳細を明らかにしている。日露戦争のときは海外からうまく資金調達ができたが、いつも成功するとは限らず、平時における財政基盤の強化が重要となる。

現在は平時にもかかわらず、国債発行をしてでも防衛費を増額すべきという主張も聞かれるが、過去の事例から明らかな通り、有事の際こそ国債発行が求められる可能性が高い。経済学の「課税平準化の理論」に基づけば、有事では国債発行で戦費を調達し、平時（戦争終了後）に時間をかけて債務を返済するのが望ましい。この意味でも、平時における防衛費の拡充を増税や他の歳出削減で捻出するなら理解できるが、国債発行による増額はナンセンスな議論ではないか。

国債の国内消化にも一定の限界があり、国内での資金調達が難しくなると、日露戦争のときのように、海外から資金を調達するしかない。しかしながら、現在の日本のように、過剰な政府債務を抱える国が、有事の際に国債発行を行おうとすると、投資家から非常に高い利回りを要求される可能性がある。また、財政ファイナンスで戦費調達をする方法もあるが、その場合、円安やインフレが加速するだろう。インフレが加速すれば国民生活は疲弊するし、石油など戦争遂行に必要な物資を購入するためにも為替の安定は必要だ。有事の前や最中に財政が破綻すれば、安全保障上の脅威に対応することもできなくなってしまう。

したがって、その脅威に対する日本の対応力を増すためにも、平時では、防衛費の増強に関する議論のみでなく、過剰な政府債務を適切な水準まで引き下げることにより、有事に陥っても大規模な国債発行が可能な余力を高める議論も重要となろう。

4．防衛費と財政的余力の国際比較

では、防衛予算規模を示す「防衛費（対ＧＤＰ）」と、有事の際における国債発行の余力を示す「政府債務（対ＧＤＰ）」という2つの指標に基づき、日本のポジション（立ち位置）を他の諸外国と比較すると、何が読み取れるだろうか。

ストックホルム国際平和研究所（ＳＩＰＲＩ）軍事費データおよびＩＭＦデータから、２０２

図２－１　防衛費（対 GDP）と政府債務（対 GDP）の関係

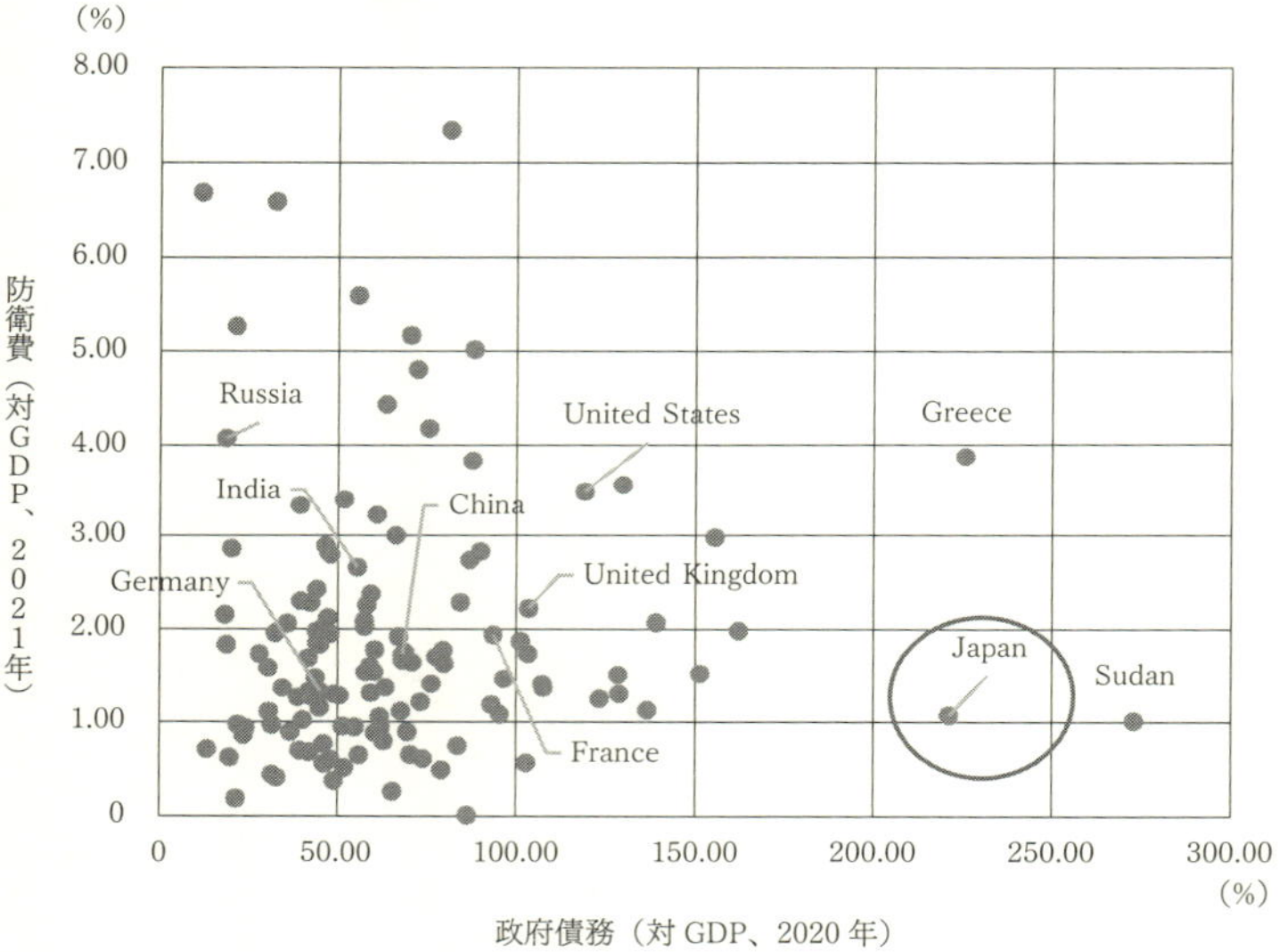

（出所）ストックホルム国際平和研究所（SIPRI）軍事費データおよび IMF データから作成

１年の軍事費（対ＧＤＰ）および20年の政府債務（対ＧＤＰ）を取り出し、１２８カ国のポジションを明らかにするために作成したものが、図２－１である。

この図を眺めてみると、日本、スーダン、ギリシャの３カ国が特殊なポジションにいることが分かる。この３カ国は、いずれも政府債務（対ＧＤＰ）が２００％超で、それ以外の国々と比較して、有事の際における国債発行の余力が劣る状況になっている。

他方、米国・英国・ドイツ・中国・ロシア・インドといった国々はどうか。ドイツの防衛費（対ＧＤＰ）は１・３４％で日本の１・０７％に近いが、政府債務（対ＧＤＰ）は約45％しかなく、有事の際における国債発行の余力は大きい。また、中国やフランスの防衛費（対ＧＤＰ）は、それぞれ1・74％と1・94％で、日本よりも0・6％ポイント以上も高いが、各々の政府債務（対ＧＤＰ）は68％と93％であり、有事において日本よりもはるかに財政的な余力があることも確認できる。米国や英国、ロシア、インドの防衛費（対ＧＤＰ）は、それぞれ3・48％、2・22％、4・08％、2・66％で、日本の2倍以上もあるが、いずれも政府債務（対ＧＤＰ）は120％未満であり、財政的な余力は大きい。

5.「財政安全保障」の概念確立も

○国家安全保障の基盤としての財政

以上の通り、財政的な余力が大きい米国や英国、フランス、中国、ロシア、インドなどと異なり、日本の財政的な余力は限られている可能性がある。有事では大規模な国債発行を行ってでも日本を防衛する必要があり、このための財政基盤を強化しておく必要がある。

一般的に安全保障とは、国民の生命や財産などを何らかの脅威から一定の手段などを用いて守ることをいう。つまり、①対象（何を守るか）、②脅威（何から守るか）、③手段（何で守るか）という観点が、「安全保障」概念の基本的な構造となる。伝統的な国家安全保障（National Security）は、①国家を、②敵国の脅威から、③外交や軍事力の増強などを用いて守ることを指す。

現在では、この安全保障という概念は、資源やエネルギー、食料、環境、サイバー空間といった領域にも拡張され、幅広い意味を持つ状況になっている。例えば、エネルギー安全保障では、①エネルギー利用者の利益を（必要量の安定供給や価格面での安定供給の確保を含む）、②国家間紛争などに起因する政治的要因や、エネルギー市場の変動といった経済的要因による脅威から、③外交交渉などの政治的手段や、経済的手段によって守ることをいう。

伝統的な国家安全保障の基盤を担うものには財政も含まれることから、筆者は、この安全保障の概念を財政にも拡張し、「財政安全保障」（仮称）という概念を確立してはどうかと考えている。財政安全保障の研究対象は、平時では財政基盤の強化が中心になると思われるが、それ以外にも、有事での新たな財源調達方法や国債発行スキーム、資金移動や貿易取引、物資調達に関する財政的措置なども含まれ、これらの対応の在り方や優先順位づけも検討しておくことが重要と思われる。

○重要な全体戦略と予算の中身

なお、これは防衛費のみでなく全予算に共通する観点だが、財政を議論する際には、規模のみでなく、全体の戦略や予算の中身も重要だ。そもそも、防衛費を2倍にしたら防衛力が2倍になるとは限らない。全体戦略の重要性などは、過去の事例からも明らかだ。

例えば、太平洋戦争では、「大艦巨砲主義」が終焉し、新たな戦闘方法として、空母やそれに搭載した戦闘機（攻撃機や爆撃機を含む）を利用した航空戦力が勝敗を決する時代となった。このようなパラダイム転換が起こるなか、大艦巨砲主義にこだわったり、新たな戦闘方法への改善（ブラッシュアップ）を怠れば、戦争に勝利する確率が低下することは避けられないだろう。

現在は、太平洋戦争のときのようなパラダイム転換が発生し、ドローンやサイバー空間などを利用した新たな戦闘方法も登場してきている。このような新たなテクノロジーの徹底的な活用を含む「全体の戦略」の再考の方が、優先すべき論点であろう。

また、全体戦略との関係では、最近、安全保障専門家の間で「核シェアリング」の賛否や実現可能性に関する議論も出てきている。防衛経済学で有名なPoast（2008）では、「核兵器は潜在的な敵を抑止するのに比較的安上がりだという通説」があり、「核兵器の取得を正当化する理屈として、代替効果がある」と指摘する。「いったんつくってしまえば、核兵器を5、6発ほど長距離ミサイルの発射台にのせておけば、巨大な軍隊を維持するより核兵器の方がずっと安い」という発想だ。

米議会・技術局（Office of Technology Assessment）の「1993年評価報告書（Proliferation of Weapons of Mass Destruction: Assessing the Risks）」では「小さな原爆を1つつくるだけ」で、「秘密裏に計画を進めるなら、20億ドルから100億ドルは覚悟するべき」だが、「いったん高価な固定費をかけてしまい、そして生産能力を首尾良く整備できれば、追加の原爆をつくる限界費用は200万ドルから400万ドル」で、「通常兵器より破壊力あたりの費用がずっと小さいから、代替効果を持ち得る」とも指摘する。

もっとも、日本は非核三原則に基づき、米国の「核の傘」の下にいる。これで核抑止が機能しているとの議論もあるが、中国が台湾侵攻に手こずった場合に何が起こるか。ロシアのウクライナ侵攻では、戦争が長期化するなか、ロシアのプーチン大統領は戦術核の使用も示唆する場面があった。

また、飯田（2022）では、「中国は、射程が1万2000キロに達する新型のSLBMであるJL－3を開発中であり、それを搭載する新型のSSBNである096型（唐級）も同時に開発」中で、「JL－3を搭載した096型SSBNが運用されれば、中国は南シナ海から米国本土を核攻撃することが可能」になると指摘する。このような状況のなか、仮定の問いだが、中国が日本に核を撃ち込んだ場合、同盟国の米国が軍事的な「相互確証破壊」の理論に基づき、中国に核を撃ち込む政治判断をするかも重要だ。

○NCGの重要性

2023年4月、米国のバイデン大統領と韓国の尹錫悦大統領はホワイトハウスで会談し、米韓同盟70周年記念として、北朝鮮の核攻撃に備え、米国の核運用に関する情報共有や、米韓の核戦略計画に関する新たな協議体（NCG: Nuclear Consultative Group）の設置などを盛り込んだ、共同文書「ワシントン宣言」（Washington Declaration）を公表した（詳細はThe White House

[2023])。

このNCG（核協議グループ）の設置は、韓国内の不安を払拭し、核・ミサイルの脅威を強める北朝鮮の抑止が目的だが、「北大西洋条約機構（NATO）の仕組みを念頭に置いた協議体」で、「NATOの核共有とは異なるものの、韓国が同盟国として米国の運用判断に発言権を持てるよう」（『日本経済新聞』2023年4月28日付朝刊）になる。

現在のところ、米国や韓国は、NCGに対する日本の関与は言及していない。NATOは多国間軍事同盟であり、日米同盟や米韓同盟は2国間の同盟にすぎず、日米韓の3カ国ではNATOのような同盟はない。また、韓国は「対北朝鮮」が脅威の中心だが、日本は「対中国」「対北朝鮮」「対ロシア」に関心があり、関心事項の幅が若干異なるという問題もある。

だが、「日米韓首脳は2022年11月にカンボジアで会談し、ミサイル発射に関するデータを即時に共有する方針で合意」している（『日本経済新聞』2023年4月23日付朝刊）。日米韓3カ国の首脳は2023年8月、ワシントン近郊「キャンプ・デービッド」にて会談を行い、北朝鮮や中国の動向も踏まえ、①首脳や閣僚級などの年1回以上の定期協議の開催、②日米韓3カ国の部隊での共同訓練の実施、③北朝鮮のミサイル発射に関する情報の即時共有などを合意した。

また、日本でも防衛力の強化を図るため、日米間での核シェアリングの議論が出てきている。現実的に米国が日本と核の運用を共有する政治判断をする可能性は低いが、実現に向けた協議を行っていること自体が「抑止力」として機能するとの考え方もある。

中国や北朝鮮・ロシアなどの国々をできる限り刺激せず、政治的な摩擦を回避する戦略も重要である。他方、経済安全保障の推進や、その手段の一つである経済制裁が戦争を引き起こす事例もある。

米国の核戦力などで日本を守る「拡大抑止」の観点から、2010年から開催している事務レベル協議（日米拡大抑止協議）を維持しつつ、両国の担当閣僚による協議を新設することも明らかになっている（「核含む同盟国防衛、日米閣僚級の協議新設　防衛相に聞く」『日本経済新聞』2024年5月2日付朝刊）が、不確実性が増す国際情勢において、日本の防衛力を強化するため、議論を一歩でも前進させるためには、日本単独での米国との協議のみでなく、国内や国外の世論にも十分に配慮しながら、似た問題意識を持つと思われる韓国とも連携・協力し、日本・米国・韓国の3カ国で議論を行う場を構築する戦略も重要と思われる。(1)

いずれにせよ、防衛力の基盤は豊かな経済力や健全な財政であることも忘れてはならない。現下の国際情勢に鑑み、危機意識を強く持つならば、有事に陥っても対応可能な財政的な余力を高めることが重要であり、できる限り早急に財政再建を行っておくべきで、それが「真の保守」的発想の戦略ではないか。

【参考文献】
・飯田将史（２０２２）「中国の核戦力の動向について」中曽根平和研究所「米中関係研究会」コメンタリーNo.13．
・板谷敏彦（２０１２）『日露戦争、資金調達の戦い――高橋是清と欧米バンカーたち』新潮社
・大蔵省昭和財政史編集室編（１９５５）『昭和財政史　第四巻―臨時軍事費―』東洋経済新報社
・小野田治（２０２２）「『日本有事』はどのように起こるか―『台湾有事』の検討を中心に―」（提言）「国を守る―〝新冷戦時代〟の日本防衛論」（安全保障外交政策研究会）（http://ssdpaki.la.coocan.jp/proposals/122-2.html）
・財政制度等審議会・財政制度分科会（２０２３）「令和6年度予算の編成等に関する建議」（２０２3年11月20日）
・自民党・政務調査会（２０２２）「総合政策集　２０２２　Ｊ－ファイル」（２０２２年6月16日）
・内閣官房（２０２２）「国家安全保障戦略」（２０２２年12月16日・閣議決定）
・内閣府（２０２２）「経済財政運営と改革の基本方針　２０２２」（２０２２年6月7日・閣議決定）
・Paul Poast (2008) *Economics Of War*, Irwin Professional Pub.
・The White House (2023) Washington Declaration (https://www.whitehouse.gov/briefing-room/statements-releases/2023/04/26/washington-declaration-2/)

（１）その他、オーストラリアの地政学的な位置は優れている。これは私見だが、有事に備えて同国との関係を強化し、オーストラリアと日本との間で欧州のシェンゲン協定のようなものを締結する検討も重要かもしれない。

論点
3

核抑止の問題や軍備管理・軍縮にどう対応すべきか

元内閣官房副長官補　髙見澤將林

POINT

米ソ間及び米ロ間の核相互抑止体制に基づく軍備管理・軍縮は、過去70年間紆余曲折を経ながらもそれなりに機能してきた。しかしNPT体制の下でも北朝鮮の核戦力化など拡散は進み、中国の核戦力の大幅な増強やロシアのウクライナ侵攻によりこれまでの対応の見直しが迫られている。日本を含む国際社会は、「核の多極化」が進むなかで、リスク管理に最大限の力を注ぎつつ、抑止と軍縮の両面から平和と安定を保つための努力を継続していかなければならない。

1. はじめに

核兵器の開発に向けた動きは、第2次世界大戦の最中から主要国において進められてきた。そのなかで「マンハッタン計画」に国力を結集した米国は、1945年7月の核実験の成功により世界で最初の核保有国となった。戦争の早期終結と日本本土上陸作戦回避のためとして、都市への原爆攻撃という方針が決定され、結果的に広島と長崎がそのターゲットとなった。

ウラン型のリトルボーイとプルトニウム型のファットマンという異なる種類の原爆は2つの都市を壊滅させ、多くの人命を奪った。世界は核兵器の持つ破壊力とそれがもたらす惨禍を目の当たりにした。

しかし、それを契機として核兵器禁止運動が高まる一方、核兵器の開発競争はその後さらに激化した。米国に続き、ソ連が1949年、英国が52年、フランスが60年、中国が64年と次々と初の核実験を行った。

これら5カ国は、1968年に成立した核兵器不拡散条約（NPT）において、「1967年1月1日以前に核兵器その他の核爆発装置を製造しかつ爆発させた国」として、核保有が認められるいわゆる「核兵器国」となった。「核兵器国」以外への核兵器の拡散を防止する義務を負うとともに、「核軍備競争の早期の停止及び核軍備の縮小に関する効果的な措置」や「厳重かつ効果的な国際管理の下における全面的かつ完全な軍備縮小に関する条約」について誠実に交渉を行うことを約束した（ＮＰＴ第６条)。

「世界終末時計（The Doomsday Clock)」は、米国の科学雑誌『原子力科学者会報』が１９４７年に「7分前」からスタートさせたものである。この時計は、核戦争などによる人類の滅亡を示す「午前0時」までの残り時間を表示するもので、世界で大きな動きがある度にその針が動かされてきた。

各国間協調の下で対話が行われ、新たな枠組みができれば終末から遠ざかり、核兵器が拡散し、紛争が起こり、核兵器の使用が懸念されれば終末に近づく。長い間、最も終末まで近づいたとされたのは「2分前」（１９５０年代の核軍拡競争の時代や２０１０年代後半の北朝鮮の核開発の急進展）であり、「17分前」と最も遠のいたとされたのは冷戦終結後の１９９０年代であった。

ところが、２０２０年に、終末までの時間は初めて2分前を切り、２０２５年1月の時点で「89秒前」となっている。ＮＰＴの寄託国の一員である核兵器国のロシアが米国の警告を無視する形でウクライナ（ソ連解体後に非核兵器国として１９９４年にＮＰＴに加盟）に侵攻し、核使用の威嚇を繰り返している。

こうした事態の展開は、これまでの核抑止の考え方が有効に機能しているのか、ＮＰＴ体制の根幹が揺らいでいるのではないか、という疑問を深めさせている。国際社会は、戦後最も厳しく複雑な安全保障環境の只中にあり、これまで経験したことのない挑戦に直面している。

2. 世界の核保有や核抑止をめぐる問題はどのように展開してきたか

実際のところ、核保有や核抑止をめぐる世界の現実はより複雑である。時計の針が逆の方向に進むような事象が並行して生起するなど、同じ方向に進んできたわけではない。核兵器が使用されて以降約80年間の主要な事象（表3－1）を手がかりにこうした動きを俯瞰してみよう。

東西対立の激化と緊張緩和、地域紛争の発生と終結、新たな国際機構の設立とその運用上の課題の表面化、核兵器の開発・配備・増強・近代化・拡散、核保有国の拡大と軍備管理・軍縮に関する二国間・多国間条約や枠組みの成立、確立された枠組みに基づく軍縮の進展とこれに対する違反・義務の不履行・当該枠組みからの離脱など、あらゆる事象が入れ替わるように生起していることが分かる。

国際社会が現在直面している状況の淵源について少しでも理解するためには、こうした核保有やその拡散と軍備管理・軍縮の流れについて見ておく必要がある。ここでは、流れが大きく変わり、複雑化した直近の10年間は別として、戦後約70年の動きについて、以下の4つの時期に大別して考えていく。

●新冷戦とソ連の転換

1979　ソ連、アフガニスタンに侵攻

1980　イラン・イラク戦争

1983　米国レーガン大統領、戦略防衛構想（SDI）を表明（「核兵器を時代遅れにする」）

1987　INF（中距離核戦力）全廃条約調印（1988年発効、2019年失効）

1989　東ドイツ、ベルリンの壁撤去。米ソ首脳、マルタ会談

●冷戦後における米ロ核軍縮の進展と止まらぬ核拡散

1990　東西ドイツ再統一。湾岸戦争（～1991）

1991　米ソ、戦略兵器削減条約（START I）調印（1994年発効）。ソ連解体、CIS 結成

1993　EU 発足。米ロ、START II 調印（発効せずに終了）

1995　NPT 発効後25年目、無期限延長に合意。欧州安全保障協力機構（OSCE）設立

1996　包括的核実験禁止条約（CTBT）、国連総会で採択（未発効）

1998　インド、パキスタン核実験（パキスタンは初）。G 8 にロシア正式加盟、初会合

2001　米国に対する「同時多発テロ」（「テロとの戦い」）

2002　米ロ、戦略攻撃力削減条約（モスクワ条約）（SORT）に調印（2003年発効）

2006　北朝鮮初の核実験（2017年 9 月までに 6 回実施）

2009　米国オバマ大統領「核兵器のない世界」を目指すことを表明（プラハ演説）

2010　米ロ、新戦略兵器削減条約（新 START）調印（2011年発効、2021年単純延長）
第 8 回 NPT 運用検討会議で合意文書

●米ロ対立と大国間戦略競争激化のなかで失われた信頼関係と新たな動き

2014　ロシア、ウクライナのクリミアのロシア領への編入を宣言

2015　第 9 回 NPT 運用会議で合意文書不採択

2017　核兵器禁止条約採択（2021年発効。核保有国、NATO 諸国や日・豪・韓等は不参加）

2018　米朝首脳会談、韓国・北朝鮮首脳会談。トランプ政権の核態勢見直し（NPR）公表

2019　INF 全廃条約失効

2022　５つの核兵器保有国首脳の政治宣言（核なき世界の追求、不戦の確認など）
ロシア、ウクライナに軍事侵攻。ベラルーシへの核兵器配備を表明
第10回 NPT 運用検討会議、2015年に続き合意文書不採択。バイデン政権の NPR 公表

2023　G 7 広島サミットで「核軍縮に関する G 7 首脳広島ビジョン」を発出
ロシア、新 START の履行停止

2024　トランプ氏が米大統領選挙で当選

表3－1　冷戦、緊張、地域紛争、国際機構、核兵器・軍備管理・軍縮をめぐる主な動き

1945	米国、核実験に成功。広島・長崎に原爆投下。国際連合発足
●東西対立と冷戦のピークとしてのキューバ危機	
1946	英国チャーチル首相の「鉄のカーテン」演説
1947	米国、トルーマンドクトリン、マーシャルプラン発表。コミンフォルム設置
1948	ソ連、ベルリン封鎖（～49年）
1949	NATO 結成（12カ国、現在32カ国）。ソ連、核実験に成功。中華人民共和国成立
1950	中ソ友好同盟相互援助条約調印。朝鮮戦争（～53年停戦）
1951	サンフランシスコ平和条約・日米安全保障条約調印
1952	国連軍縮委員会設置。英国、核実験に成功
1954	第五福竜丸事件（ビキニ環礁における米国の核実験による被曝）。自衛隊発足
1955	ワルシャワ条約機構 結成。米・英・仏・ソ４巨頭会議（ジュネーブ） 第１回原水爆禁止世界大会（広島）、平和大会（長崎） ラッセル・アインシュタイン宣言
1956	日本、国連に加盟（80番目）
1957	国際原子力機関（IAEA）発足。第１回パグウォッシュ会議。ソ連、人工衛星打ち上げ
1960	フランス、核実験に成功。米ソ、国交回復
1961	東ドイツ、ベルリンの壁構築
1962	キューバ危機（ソ連のキューバへのミサイル基地建設と米国による海上封鎖）
●デタントと多極化の交錯のなかで生まれたNPT体制	
1963	米・英・ソ、部分的核実験禁止条約（PTBT）調印・発効（64年日本加盟）
1964	中国、核実験に成功
1968	核兵器不拡散条約（NPT）調印（70年発効、５年ごとに運用検討会議、76年日本加盟）
1969	中・ソ国境で両国軍隊衝突
1971	国連、中華人民共和国の代表権承認
1972	米・ソ、第１次戦略兵器制限協定〈SALT I〉調印・発効。ABM 条約締結・発効 ニクソン訪中、米中首脳会談。日中共同声明、国交正常化
1974	インド、原爆初実験
1975	第１回サミット開催（ランブイエ）。CSCE 首脳会議、ヘルシンキ宣言
1978	第１回国連軍縮特別総会（1979年ジュネーブ軍縮委員会設置、84年軍縮会議へ）
1979	米・中、国交樹立。米・ソ、SALT II 調印（未批准）。NATO の二重決定

○第1期

第2次世界大戦後、核保有国の増大と東西対立の深刻化が進み、NATOとワルシャワ条約機構という両陣営が対峙する軍事同盟が形成された。この段階ではまず核兵器の数量の拡大が追求され、敵の攻撃に対して核兵器を中心とする圧倒的な力を持つことで戦争を防止しようとする大量報復戦略がとられた。

しかし、この競争は米ソの相互不信を生み、1962年のキューバ危機を生じさせた。核戦争は回避されたが、ソ連によるキューバへの核ミサイル基地建設とその撤去を求める米国による海上封鎖により、緊迫状態は極限にまで高まった。

○第2期

米ソ両国がこの未曽有の緊張を経験したことで、軍拡競争の停止と不拡散体制の整備が提唱され、対話と緊張緩和が進み、軍備管理・軍縮の基盤が構築される契機となった。1963年には、部分的核実験停止条約（PTBT）が成立し、発効した。1965年には、マクナマラ米国防長官が「相互確証破壊（MAD：相手から大規模な核攻撃を受けた場合、相手国を確実に破壊することができる能力を相互に有すること）」という概念による抑止の考え方を明らかにした。

こうした背景の下、1968年にはNPTが3つの柱からなる「国際的な核不拡散体制の礎石であり、核軍縮及び原子力の平和的利用を追求するための基礎」として成立（米国、ソ連、英国が寄託国）し、１９７０年に発効した⑴。

その後も米ソ間では１９７２年に第１次戦略兵器制限協定（ＳＡＬＴＩ）や弾道弾迎撃ミサイル（ＡＢＭ）制限条約が発効するなど、デタントのなかで核軍備管理が現実に進む段階を迎え

⑴　１９７５年を第1回として条約の履行状況や課題について議論するＮＰＴ運用検討会議がこれまでに10回（基本的に5年ごと）開催されている。１９９５年には、条約の規定に基づきその期限についての協議が行われ、無期限延長が決定された。現在の加盟国は１９１カ国であり、国連加盟国・準加盟国１９５カ国のうち未加盟国はインド、イスラエル、パキスタン、南スーダンの4カ国となっている。多くの国は加盟決断に相当の年月を要しており、例えば、日本の加盟は１９７６年（発効から6年後）、核兵器国であるフランスと中国の加盟は１９９２年となっている。なお、日本のＮＰＴ批准に至る経緯については、外務省資料「日本国内におけるＮＰＴ参加に際しての検討の状況」kaku_hokoku00.pdf (mofa.go.jp) に以下のような記述がある。

「日本政府は、唯一の被爆国としての立場を踏まえ、早くから核兵器の拡散に反対しており、ＮＰＴ作成において他の関係国と協力して、日本の主張が条約に反映されるよう努力」していた。しかし、「中国が１９６４年に核実験を行った後、米国による我が国への『核の傘』の提供が対外的に公表されていない状況において（公表は１９７５年の三木総理＝フォード大統領共同新聞発表）、我が国が非核兵器国としての地位でＮＰＴに加入することを検討するにあたり、国内では核政策に関して様々な議論が行われていたことがうかがわれる」「国内における十分な理解を得るためにも、ＮＰＴ加入によるメリット・デメリットを比較検討し、その是非につき慎重に検討を行ったと見られる。また、その過程において、ＮＰＴ加入のデメリットとして『核武装のフリーハンド』を失うことの是非も議論の論点の一つとして指摘されていたことがうかがわれる」

た。もっともこうした進展の陰でも核の拡散は進んだ。PTBT発効の翌年に当たる1964年になって中国が核実験に成功し、74年にはNPT体制の枠外でインドが初の核実験を行っている。

○第3期

1979年末のアフガニスタンへのソ連（ブレジネフ書記長）の軍事介入などによりデタントが崩れて新冷戦が始まり、レーガン大統領の強硬姿勢とゴルバチョフ書記長の「新思考外交」の展開を経て、軍縮条約の成立、冷戦の終結、91年のソ連の崩壊に至るまでの時期である。

ソ連の侵攻開始直前には、NATOは「二重決定」（ワルシャワ条約機構に対しINF撤去の軍縮交渉を求めるとともに、交渉が実らない場合には米国のINFの西欧配備を行うという決定）を行ったが、その前提は崩れ、カーター政権では指揮統制機能と政治中枢機能の破壊を重視する「相殺戦略」など新たな対応をとることを迫られた。

新たに登場したレーガン大統領は「強いアメリカ」を掲げて軍事力増強に舵を切り、INF交渉が停滞するなかで、1983年3月「核兵器を無力かつ時代遅れなものとするため」拒否的抑止として戦略防衛構想（SDI）を提唱するとともに、83年11月にミサイル配備に踏み切った。いわば軍備制限を実現するために軍備増強を行うという方針の下、ソ連に力で対抗する姿勢を示した。

このような強硬姿勢の下、1985年のゴルバチョフ書記長の登場もあって、ソ連はその後政策転換を図り、ＩＮＦ（中距離核戦力）全廃条約の調印（87年）と発効（88年）、89年の米ソ首脳によるマルタ会談における冷戦の終結宣言と続いていった。

○第4期

冷戦終結後米ロ間の核軍縮が進展する一方、さらなる核拡散の進行が止められなかった時期である。米国は、新冷戦期に築いた圧倒的な力の優位の下、ロシアとの間で、戦略兵器削減条約（ＳＴＡＲＴⅠ、１９９４年発効）、戦略攻撃力削減条約（モスクワ条約：ＳＯＲＴ、２００３年発効）、新戦略兵器削減条約（新ＳＴＡＲＴ、２０１１年発効）を締結し、これらを通じ、戦略核兵器の相互削減を進めた。

また、この間、ＮＰＴの無期限延長決定（１９９５年）、包括的核実験禁止条約（ＣＴＢＴ）の採択（96年。未発効）、ＮＰＴ運用検討会議における合意文書の採択（２０００年：「核廃絶の明確な約束」など、10年：核廃絶への具体的措置64項目を含む行動計画など）により、核軍縮への期待も高まっていった。

オバマ大統領は、２００９年のプラハ演説において、「核兵器を使用した唯一の核保有国として、米国には行動する道義的責任がある」とし、一定の前提条件が満たされれば、将来の目標として「核兵器のない世界」を目指すことを表明した。翌２０１０年に公表された3回目の核態勢見直し報告（ＮＰＲ：１９９４年に初めて出され、２００２年に2回目の報告）においては、ロシアについて米国の潜在的パートナーという位置づけがなされるとともに、核兵器の役割低減が強調され、NPTを順守する非核保有国に対しては核攻撃をしないことも明言された。

一方、米ロの核軍縮が進むなかにあっても、核兵器の拡散は止まらなかった。1998年にはインドが2回目の、パキスタンがこれに続いて初の核実験を行ったほか、2006年には北朝鮮が初の核実験を行うに至った。また、2001年以降、米国への同時多発テロを契機にテロとの戦いが国際社会の最優先事項となり、テロ組織による核物質の入手を阻止するための枠組みやミサイル防衛システムの整備も進められた。しかし、2014年のロシアによるウクライナの一部であるクリミアの併合は、INF条約の履行などをめぐり米ロ両国間に既に生じていた不信感を増幅させ、米ロ間の協調と軍縮の進展に暗雲を生じさせるものとなった。

3. 現在世界は核抑止や軍備管理についてどのような状況に直面しているのか

○国連事務総長の危機意識と課題をめぐる対立の深刻化

この10年、世界情勢はより混迷を深め、様々な対立や衝突が連続的に生起してきた。グテーレス国連事務総長は2018年に「軍縮アジェンダ」を発表したが、そこでは、国内紛争と地域紛争は複雑化し、長期にわたるコミットメントは実現されず、多国間軍縮交渉はデッドロックに陥り、軍備競争は制約なく続き、国際的規範と国際機関に対する尊敬は損なわれ、新しい兵器技術がリスクを増大させていると、強い危機感が表明されていた。
2022年2月のロシアのウクライナ侵攻は、国際社会全体を巻き込むような形で米ロを中心とする対立を激化させた。これに加え、経済力を飛躍的に増大させ、核戦力のみならず、通常戦力の大幅な増強を継続している中国の台頭と世界秩序に対する挑戦の試みもあって、大国間戦略競争はより複雑で、深刻なものとなった。

コロナ禍の影響で2年遅れの2022年8月に開催された第10回NPT運用検討会議は、15年の第9回会議に引き続き、合意文書案が採択されないまま終了した。次の2026年第11回運用検討会議まで、加盟国の合意のとれた具体的な行動指針がない状態が10年以上にわたって続くことになる。

また、北朝鮮はNPTの加盟国でありながら脱退を宣言し、2017年までに6回の核実験を行うとともに、弾道ミサイルの高度化と多様化を進め、22年には「核保有国としての地位が不可逆的なものとなった」と宣言するに至っている。喫緊の問題に対処し、拡散を阻止するうえでNPTの機能に限界のあることがますます露わになった。(2)

○新たな状況を踏まえた戦略の見直しと新たな動き

こうした状況のなかで、一部の国では核戦略ドクトリンをめぐり、核兵器使用条件の敷居を下げる形での見直しや言動がみられ、核兵器の増強や近代化も進んでいる。また米国はじめNAT

Oなど日本の同盟国・同志国間においても、主として抑止力強化の観点から戦略の見直しが行われている。一方、核軍縮の推進という観点からは、核兵器禁止条約締約国会議の声明や広島平和宣言にみられる通り、核抑止力への依存からの政策転換が強く求められており、抑止と軍縮の両面から新たな枠組みの構築に向けた複合的な動きが活発化している。

具体的には、INF全廃条約の失効（2019年8月）と中国を含めた二国間・多国間の交渉を求める呼びかけ、新START条約の単純延長（21年2月）とロシアによる効力停止宣言、15年10月に成立したイランの核問題に関する最終合意（JCPOA）からの米国の離脱とバイデン大統領による協議復活の動き、核兵器禁止条約の交渉開始（17年3月）・採択（同年7月）・発効（21年2月）・第1回締約国会議の開催（22年6月）、被爆地である広島でのG7サミットの開催と「核軍縮に関するG7広島ビジョン」の発出（23年5月）、NATO首脳会議における新戦略概念の採択（22年6月）とNATOの拡大（フィンランド〈23年4月〉およびスウェーデン〈24年3月〉の加盟）などの動きがみられる。

以下の節において、こうした状況に対する米国と日本の対応について整理するとともに、検討すべきいくつかの論点について考えることとしたい。

4. 米国の国家安全保障戦略（NSS）や核態勢見直し（NPR）はどう展開しているか

オバマ政権は、2014年2月のロシアによるクリミア侵攻後、NSSの見直しを行い、15年2月に公表した。そのなかでロシアについて、「ウクライナの主権と領土の一体性を侵したことや周辺国に対して好戦的な態度をとっていることは、冷戦終結後の当然の前提であった国際規範を危険にさらすものである」との認識を示した。しかし同時に、ロシアとの戦略的安定性や新START を含む米ロ間の既存の枠組み順守の重要性を強調するといった方針も示していた。

2017年に就任したトランプ大統領は、17年NSSおよび18年NPR（4回目）において、オバマ政権の10年NPRの前提は大きく変わったとして、ロシアと中国を戦略的競争相手と位置づけるとともに、核戦力の3本柱（戦略爆撃機、弾道ミサイル搭載原子力潜水艦〈SLBM〉、

（2） このような状況を背景にして、グテーレス事務総長は、第78回国連総会開会（2023年9月19日）に際して、以下の趣旨の演説を行っている。

「世界は混迷を極める移行期にあるが、分断が深まり、数多くの人類生存の脅威に直面している。にもかかわらず、20世紀にできた多国間制度は問題を解決するどころか、問題の一部になる危険性を抱えており、各国が団結して問題に対応することは出来ないように思われる。したがって21世紀の経済的・政治的現実に基づいて多国間制度を更新する時が来ており、各国は改革の方向性について異なる意見をもっていても、『妥協』して『決意』を体現する『特別な責任』を負っている」（国連広報センター訳）

地上発射型大陸間弾道弾〈ＩＣＢＭ〉全般の近代化および低出力の核兵器を含む新たなシステムの開発についての検討を進める方針を示すなど、核戦力強化の必要性を前面に打ち出した。また、核兵器の役割として、核兵器以外の戦略的な攻撃に対する場合であっても米国と同盟国の枢要な国益を守るためにどうしても必要な極限的な状況においては、その使用が考慮され得るという点を明らかにしている。

２０２１年に就任したバイデン大統領は、新たなＮＳＳおよび5回目となるＮＰＲ（22年10月公表）において、中国を米国にとって最も重大な地政学的挑戦であり唯一の競争相手であるとし、ロシアを国際システムに対する直接的な脅威であると位置づけた。そのうえで、これまでの伝統的アプローチに頼るのではなく、核抑止力、通常兵力に限らず様々な手段を結集し、関係機関や同盟国などの能力を組み合わせることにより最大の抑止効果を発揮する「統合抑止（Integrated Deterrence)」という考え方を打ち出した。

一方、核戦力の整備については全般的に抑制的であり、２０１８年ＮＰＲで行うとされていた低出力兵器の開発を取りやめた。あらためて核兵器の役割低減という目標に言及しつつ、軍備管理、核不拡散および核リスク低減に重点を置いた包括的でバランスのとれたアプローチを追求する方針を示している。また、「統合抑止」の観点からこれまで以上に同盟国・パートナー国との協力を推進し、ＮＰＴ体制の維持・強化および核兵器のさらなる削減を可能とする安全保障環境を追求することを表明している。こうした考え方はトランプ政権の方針と対照をなすもので、核軍縮の進捗を背景として策定されたオバマ政権の2010年NPRと似た要素を含んでいると評価する向きもある。

なお、バイデン政権は、通常戦力不足による抑止力低下への対応策の一環として、核態勢の再評価も行っているが、そのなかには、海洋発射型核巡航ミサイル（SLCM－N）の開発再開の要否や、新START条約の終了予定時期（2026年2月）に備えた検討（ICBMや戦略原潜の余剰スペースに戦略核弾頭を追加搭載するための準備など）などが含まれている。

5. 日本は戦略文書で核抑止や軍縮などをどのように位置づけているのか

日本の安全保障・防衛政策は、こうした世界の安全保障環境の大きな変化と米国の核戦略の方向に対応する形で展開されてきた。端的に言えば、状況変化に応じて日本の役割は拡大してきているものの、戦後約70年の動きを対象とする第1期から第4期までのいずれの時期においても、米国の圧倒的な核抑止力にいわば一方的に依存するという方針がとられてきた。

日本がNPTに加盟した1976年に策定され95年に改定されるまでの約20年にわたり防衛力の指針であった防衛計画の大綱においては、米ソ間の核戦争回避と相互関係の改善努力を前提に「核の脅威に対しては、米国の核抑止力に依存するものとする」と総論だけが書かれている。

また、冷戦終結後米ロ間の核軍縮と核拡散が進んだ第4期においては、1995年、2004

年、10年、13年と4回にわたり大綱の改定が行われているが、いずれの大綱も米ロ間の相互核抑止について、それまでと同様、基本的には安定したものと捉えている。同時に核軍縮の進展を背景として「核兵器のない世界を目指した現実的かつ着実な核軍縮の国際的努力」の重要性が強調されてきている。

また、この時期においては、どちらかと言えば戦略上の主な関心は大量破壊兵器やミサイル等の拡散などの新たな危険への対応や朝鮮半島と台湾海峡をめぐる問題への対応に移り、日本の役割としても弾道ミサイル防衛システム（パトリオット地対空ミサイルとイージスシステムの組み合わせ）の整備を含む必要な体制の確立と実効的な対応能力の構築が重視されてきた。

このような考え方は、2013年に初めて策定された国家安全保障戦略に集約されている。そこでは、世界で唯一の戦争被爆国として、「核兵器のない世界」を目指すことは日本の責務であり、「核兵器のない世界」の実現に向けて引き続き積極的に取り組むとする一方、「核兵器の脅威に対しては、核抑止力を中心とする米国の拡大抑止が不可欠であり、その信頼性の維持・強化のために、米国と緊密に連携していくとともに、併せて弾道ミサイル防衛や国民保護を含む我が国自身の取組により適切に対応する」との方針が示されている。また、「日米同盟の下での拡大抑止への信頼性維持と整合性をとりつつ、北朝鮮による核・ミサイル開発問題やイランの核問題の解決を含む軍縮・不拡散に向けた国際的取組を主導する」ことも謳われている。

しかし、2022年に策定されたいわゆる安保関連三文書（国家安全保障戦略、国家防衛戦略および防衛力整備計画）は、米国の最新の戦略と歩調を合わせるような形で、これまでとは異なる考え方を打ち出しており、戦略について自ら「戦後の我が国の安全保障政策を実践面から大きく転換する」ものと規定している。

新戦略では、日本の防衛力の抜本的な強化、米国との安全保障面における協力の深化、核を含むあらゆる能力によって裏打ちされた米国による拡大抑止の提供により日米同盟の抑止力と対処力を一層強化する方針が示され、そのための手段として、広範なアクションリストが掲げられた。(3) そのなかでも「日米間の協議を閣僚レベルのものも含めて一層活発化・深化」させることを通じ、「日米一体となった抑止力・対処力の強化」と「日米共同の統合的な抑止力の一層強化」を図るという方向性が強調されている。従来のような「核抑止力への依存」だけではなく、通常兵力を含む「共同抑止」における日本の役割を強化する形が追求されている。こうした施策については、一連の日米首脳会談や外務・防衛の閣僚協議である2＋2の場を通じて推進・確認され、具体的

(3)　これらには、日米の役割・任務・能力に関する不断の検討、同盟調整メカニズム（ＡＣＭ）等の調整機能のさらなる発展、領域横断作戦や日本の反撃能力の行使を含む日米間の運用の調整、相互運用性の向上、サイバー・宇宙分野等での協力深化、先端技術を取り込む装備・技術面での協力の推進、日米のより高度かつ実践的な共同訓練、共同の柔軟に選択される抑止措置（ＦＤＯ）、共同の情報収集・警戒監視・偵察（ＩＳＲ）活動、日米の施設の共同使用の増加、情報保全、サイバーセキュリティ等の基盤の強化が含まれている。

な進展が図られている。(4)

6．核軍縮の広島ビジョンとは何か、日本はどう取り組んでいるのか

2023年5月の広島サミットで発出された核軍縮に関する広島ビジョンは、特に核軍縮に焦点を当てたG7首脳による初の共同文書と位置づけられる。その内容は多様で、核軍縮だけでなく、核不拡散や核の平和利用を含めて関係国が講ずべき措置を包括的に示すものとなっている。広島ビジョンには、日本政府が提唱しているヒロシマ・アクション・プランについて「歓迎すべき貢献」としつつ、まず総論的な部分として、被爆地広島での開催の意義のほか、核兵器の不使用の規範の重要性、世界の核兵器数の全体的な減少の継続の重要性や核軍縮・核兵器のない世界に向けてのコミットメント、NPT体制の堅持、「現実的で、実践的な、責任あるアプローチ」の追求などが含まれている。

これは「2022年国家安全保障戦略」のなかで「軍備管理・軍縮・不拡散」として示されている方針と合致するものである。特に「我が国周辺における核兵器を含む軍備増強の傾向を止め、これを反転させ、核兵器による威嚇等の事態の生起を防ぐことで、我が国を取り巻く安全保障環境を改善し、国際社会の平和と安定を実現する」という決意を反映したものでもある。

また、ビジョンには核軍縮を進めるために欠くことのできない具体的措置として、核兵器や核

ドクトリンなどに関する透明性の向上および核リスクの削減、FMCT（核兵器用核分裂性物質生産禁止条約）の早期交渉開始、CTBTの発効を目指すことなどの目標がほぼ網羅的に示されている。このほか、原子力の平和利用と核不拡散に関連する事項として民生用プルトニウムの管理の透明性の向上などや、核兵器使用の実相への理解を高め持続させること、軍縮・不拡散教育における若者の役割の重要性やアウトリーチの重要性が強調されている。

こうしてみると、広島ビジョンには、日本の戦略の考え方や国連総会における日本主導の核廃絶決議への支持拡大、NPT運用検討会議における具体的な提言などを通じて取り組んできた内容が反映されている。(5) このような内容を持つビジョンがG7が取り組むべき施策として、首脳自

（4） 実務レベルの枠組みとして日米拡大抑止協議（EDD）があるが、安全保障政策部局や軍備管理担当部局に加え、自衛隊、米戦略軍、米インド太平洋軍および在日米軍を含む関連部局の担当者が出席して実施される。そこでは、拡大抑止に関する突っ込んだ議論が行われるとともに、地域の核戦力が多様化・拡大するのに伴って一層深刻化・複雑化している核リスクに対応するための戦略的な軍備管理およびリスク低減に関するアプローチについても議論が行われている。2024年12月に行われた拡大抑止協議においては、同盟における核及び非核の軍事的事項の間の関係性、平時および緊急時の双方における抑止メッセージングおよびエスカレーション管理実行の調整、進展する状況のあらゆる段階におけるACM（同盟調整メカニズム）を通じた二国間の調整について議論を深め、軍備管理、リスク低減および不拡散が安定性を促進し、紛争のリスクを低減するうえで果たす重要な役割についても強調したとされている。また、抑止力および危機シナリオにおける協力を強化するための潜在的な行動指針について相互理解を深めるため、省庁間机上演習を実施したことが公表されている。

ら、また他国と協力して、その実現のために継続的な努力を行っていくことが求められていることは極めて重要である。

7．核兵器禁止条約（TPNW）についてどのように考えるか

2021年に発効した核兵器禁止条約（2025年1月現在73の国・地域が加盟）は、核兵器の開発、実験、生産、製造、取得、保有又は貯蔵だけではなく、これに関連する広範な行為について包括的に禁ずるものである。(6) 日本政府は核兵器禁止条約について、それが目指す核兵器廃絶という目標を共有しているものの、これに加盟する考えはないとして、その理由(7)を明らかにしている。

この核兵器禁止条約については、仮に条約に直ちに加盟はできないとしても、被爆国である日本こそ、締約国会議に少なくともオブザーバー(8)として参加し、核兵器国との橋渡しをすべきだという議論が、被爆者団体などNGOを中心に数多く見られる。また、地方紙はもとより、主要紙の社説においても、朝日、毎日、東京に加えて日経を含めてこのような主張が行われている。

日本政府は、締約国会議には第1回（2022年6月）、第2回（2023年11月）ともオブザーバー参加しておらず、その議論には加わっていない。一方、日本が主導する核廃絶決議においては核兵器禁止条約の採択、発効、締約国会議の開催について言及していることからも、条約

（5）日本政府は核兵器廃絶に向け国連総会で核兵器廃絶決議を1994年以降毎年提出している。2024年には、「核兵器のない世界に向けた共通のロードマップ構築のための取組」という決議案を提出し、総会において152カ国の支持を得て採択されている。

また、唯一の戦争被爆国として、軍縮・不拡散に関する教育を重視しており、被爆の実相の認識向上、被爆証言の多言語化、在外公館を通じた海外での原爆展の開催支援、非核特使・ユース非核特使による活動支援、要人や関係者の被爆地訪問（オバマ米大統領、ローマ教皇、G7首脳などによる訪問や国連軍縮フェローシップ・プログラムを通じた各国若手外交官の広島及び長崎への招聘など）を実施している。さらに、2017年に設置した賢人会議や22年に設置した国際賢人会議（IGEP）の取り組みを通じ、国の立場を超えて、専門家が知恵を出し合い、「核兵器のない世界」について議論し、NPT運用検討会議へのメッセージの発出などに努めている。

（6）核兵器又はその管理の直接的・間接的な移転及び受領、核兵器の使用又は使用の威嚇、条約が禁止する活動に対する援助、奨励又は勧誘、条約が禁止する活動に対する援助の求め又は受入れ、自国の領域又は管轄・管理下にある場所への核兵器の配備、設置又は展開の容認等を禁止すること。

（7）　政府は参加しない理由として以下のような点を挙げている。

- 核使用をほのめかす相手に対しては通常兵器だけでは抑止することは困難であり、核兵器を保有する同盟国である米国の抑止力を維持することが必要
- 核軍縮に取り組む上では、人道と安全保障の二つの観点を考慮することが重要だが、核兵器禁止条約では、安全保障の観点が踏まえられていない
- 核兵器を直ちに違法化する条約に参加すれば、米国による核抑止力の正当性を損ない、国民の生命・財産を危険に晒すことを容認することになりかねない
- 核兵器禁止条約は、現実に核兵器を保有する核兵器国のみならず、日本と同様に核の脅威に晒されている非核兵器国からも支持を得られていない
- 核軍縮に取り組む国際社会に分断をもたらしている

をめぐる議論や締約国会議の状況をフォローすることは重要である。

例えば各国・国際機関や市民社会のステートメント、作業文書、宣言を含む成果文書の分析や会議参加者との意見交換を通じ、具体的な論点や日本としても取り得る施策について真剣に検討することは可能である。

また、核兵器禁止条約に問題があるとしても、「唯一の戦争被爆国として核兵器国を関与させる努力」を重視している日本として、様々な論点に対する考え方やとり得る具体的措置について適切な形で公表することが考えられる。こうした取り組みを通じ、例えば第2回締約国会議でも話題となった核実験の被害者救済や環境対策での実質的な協力を進めることにつながる可能性もある。

8．今後の課題

日本が国連安保理議長国である2024年3月に開催された「核軍縮・不拡散に関する閣僚級会合」において、グテーレス国連事務総長は、地政学的な緊張と不信感の高まり、核戦争リスクの極大化、核保有国の対話拒否、軍事予算の増加と外交・開発予算の縮小、新技術・新領域における脆弱性・リスクの顕在化、核兵器の威力・射程・隠密性の向上と一部の国による核使用の恫喝などに警鐘を鳴らし、核戦争は決して行われてはならないとの危機感を表明するとともに、核兵器の廃絶が「平和のための新アジェンダ」で最初に示されていることを強調した。

そのうえで、核兵器国に対し、6項目の行動として、透明性と信頼醸成のための対話の実現、核恫喝の停止、核実験停止の再確認、NPTに基づく軍縮の約束の再確認と行動の履行、核兵器先行不使用の合意、米ロによる新START条約の完全履行と後継条約への合意を強く求めた。

この6項目に関しては、日本の戦略文書やG7首脳が発出した広島ビジョンにおいても、「冷戦終結以後に達成された世界の核兵器数の全体的な減少は継続しなければならず、逆行させてはならない」といった認識を含め、重なり合う部分が多い。また、バイデン政権の2022年NSSやNPRにおいても、「戦略における核兵器の役割とその存在感を低減させることが重要な目標となること」や「非核能力が抑止に貢献する能力を特定し、評価し、必要に応じこれらの能力を作戦計画に統合すること」ことが謳われている。

一方、これに関連して、核兵器への依存度を減らす目標に向けてより広範な進展を図るためには、安全保障環境の持続的な改善、主要な核大国間での検証可能な軍備管理へのコミットメント、非核能力の開発のさらなる進展、そして核武装した競争相手や敵対国がどのように反応するかに

---

(8) 第2回締約国会議へのオブザーバー参加状況についてみると、第1回に参加した34カ国のうち、豪州、ベルギー、ドイツ、ノルウェーなどは引き続き参加しているが、オランダ、フィンランド、スウェーデンを含む13カ国は参加を見送っている。第2回会合オブザーバー参加国は、新たに参加した国を含めても全体としてほぼ横ばいの状況になっている。

関する評価が必要であるとしており、役割の低減が容易には進まない可能性についても指摘されている。

また、米中戦略競争の激化と中国・ロシア・北朝鮮・イランの連携の進展により抑止をめぐる環境が厳しさと不透明性を増すなかで、米国の戦略コミュニティの多くの関係者の間では、このアプローチでは有効な抑止力たりえず、現実性を欠くものとの批判も根強く存在している。

こうした背景の下で、米議会から超党派で任命された委員により構成された「米国の戦略態勢に関する議会委員会」（SPC）[9]は、2023年10月、80項目以上にわたる具体的な提言を含む報告書をとりまとめた。そのなかでは、新たな安全保障環境の下ではより幅広い戦略態勢を最大限追求することが必要であるが、現行の戦力構成では不十分であり、展開する核弾頭数の拡大又はウェポンシステムの構成の変更あるいはその双方を行う必要があるとしている。

また、2024年7月、バイデン政権の「2022年国家防衛戦略の妥当性」を客観的に評価するために設置された国防戦略委員会報告が米議会から公表されたが、報告書では、この戦略に基づく戦力構成は、グローバルな競争や複数の戦域における同時紛争の脅威を十分考慮しておらず、これらを抑止し勝利するために必要な能力と規模の両方を欠いていると指摘している。

これらの内容については、議会公聴会を含め、既に様々な角度から賛否両論の指摘がなされているが、実際に核戦略の策定や米ロ間の軍備管理・軍縮交渉に関わってきた超党派の専門家による検討の成果としての重みを有することから、日本の戦略の方向性やG7広島ビジョンとの関係においても大きな影響を与えうる問題提起として深刻に受け止める必要がある。

ただし、各国における政策に関する予測可能性の低下と国内分断の高まりにより、持続可能で効果的な戦略の策定優先度の設定はますます難しくなっており、仮に適切な計画が策定されても、資源の絶対的不足と配分競争の激化により、どの国にとってもその実現は容易ではないことに留意が必要である。

軍備管理・軍縮は一筋縄では進めることができず、粘り強い努力と多角的・多層的な取り組みが必要である。

本章で論じたように、抑止と軍縮はコインの裏表であり、相互不信が軍拡競争を招く一方、危機の共有体験が軍備管理の基盤構築と軍縮につながったことや、信頼関係の喪失により軍備管理・軍縮の基盤を損なったとしても、軍備の制限を目的とした軍備の増強を背景としながら対話を継続していくことにより新たな枠組みが創出されてきたことを想起すべきである。

---

(9) この報告書 (strategic-posture-commission-report.ashx [ida.org]) は、160頁に及ぶ膨大なもので、131項目の調査結果 (課題) と81項目の提言を含む具体的で詳細にわたるものである。全般の課題として、新たな安全保障環境においてはロシア、中国、北朝鮮、イランの連携がもたらす脅威に効果的に対応することが必要であり、ロシアと中国という2つの核大国による機会主義的な欧州・アジア同時並行的な軍事侵攻の可能性を前提に戦力構成を検討し、「包括的な戦略」を策定する必要があるとしている。また、個別装備 (B－21戦略爆撃機、空中発射型核巡航ミサイル、コロンビア級の核弾頭ミサイル潜水艦) の整備数量の増大やインド太平洋地域における戦域核戦力の必要性に関する提言なども含まれている。

日本を含む国際社会は、「核の多極化」が進むなかで、（ポイントの借用）あらゆる手段と枠組みを活用して、リスク管理に最大限の力を注ぎつつ、（ポイントの借用）真剣な対話を同時並行的に進め、抑止と軍縮の両面から平和と安定を保つための努力を継続していかなければならない。

論点
4

核シェアリングと拡大抑止において日本の選択肢はどうあるべきか(1)

慶應義塾大学教授　神保謙

POINT

ロシア・ウクライナ戦争における核威嚇、中国の核弾頭数の増加、北朝鮮の核開発の加速化は、現代の安全保障における核兵器の役割を顕著にしている。米国の同盟国に対する核拡大抑止の信頼性を強化する手段として、「核シェアリング（共有）」への関心も高まっている。冷戦期のＮＡＴＯ型の核シェアリングは日本にも適用できるのかを検討する。

1．現実的課題となった核使用

○エスカレーション抑止の実践

ロシア・ウクライナ戦争から学ぶべき安全保障の教訓は多岐にわたる。そのなかでもロシアがウクライナ侵攻の早期段階から核兵器の使用を威嚇として用いて、米国やNATOの直接的軍事介入を牽制したことは注目に値する。

ロシアは古典的とも言える地上戦をウクライナ領内で展開しながら、NATOとの直接的な軍事衝突は核戦争に発展することを繰り返し表明し、ロシア戦略ロケット軍を「戦闘態勢」に移行させて公然たる核威嚇を行った。[2] 米国やNATO諸国が「第3次世界大戦を避ける」としてウクライナに対する直接的な軍事介入を回避する姿勢を強調したのも、ロシアの核威嚇が背景にあることは確実である。

ロシアはかねてより、自らの核戦略は厳格な防御的性格を持つと表明してきたが、近年では少

（1）本章は拙稿「日米で『核の傘』信頼性強化を　立ち止まっている猶予はない」『WEDGE』2022年5月号を大幅に改稿したものである。

（2）小泉悠（2022）『ウクライナ戦争』ちくま新書

数の核兵器を示威的に使用して、核戦争へのエスカレーション（規模拡大）への決意を示し、進行中の戦闘停止を敵に強要や、未参戦国の参戦を阻止する「エスカレーション抑止」の有効性が検討されるようになった。[3] ロシア政府・軍関係者による核兵器を用いる威嚇が多用されていることは、こうしたエスカレーション抑止の実践と言える。

ロシアが2020年6月に発表した核ドクトリンに相当する政策文書「核抑止分野における国家政策の指針」では、ロシアの核兵器を「核戦争や通常兵器による軍事紛争の発生を防止する重要な要素」と位置づけ、核兵器や大量破壊兵器の攻撃にさらされた場合のみならず、通常兵器による侵略が行われ、国家存続の脅威にさらされた場合、核兵器による反撃を行う権利を留保するとしている。[4] また核兵器によって抑止されるべき対象は、ロシア近隣諸国のミサイル配備、ミサイル防衛システム、核兵器に限定された通常戦力の増強といった平時の状況にも及ぶ。ロシアの安全保障戦略において、核兵器の役割が比重を増し、それが通常戦争の延長に位置づけられていることが現代的課題と言える。

○北朝鮮の新核ドクトリン

日本を取り巻く核保有国である中国、そして核・ミサイル開発に邁進する北朝鮮が、ロシア・ウクライナ戦争における核兵器の役割を積極的に評価していることは確実である。かつてのような核攻撃に対する必要最小限の報復能力（第二撃能力）の確保のみならず、数的増強を通じた「確証報復」（確実に第二撃能力が担保できる能力）へと発展させ、紛争規模に応じた戦争遂行のための核兵器使用の有効性に着目し、大小規模の核兵器、多様な運搬手段、柔軟な核運用ドクトリンを導入する方向性が既に示されてきた[5]。

2022年9月に北朝鮮が発表した核ドクトリンは、「国家指導部と国家核戦力指揮機構」に対する「核および非核攻撃」、あるいは「国家の重要戦略対象」への「軍事的攻撃」には、核兵器で対応すると記述された[6]。このドクトリンも核兵器のみならず、通常兵器による攻撃が国家の存立を脅かす場合には、核兵器を使用することが明記されている。先述のロシアの核ドクトリンが参照されていることは確実である。

こうした動向は核兵器の使用の敷居を下げ、通常戦力による戦争の各段階と背中合わせの関係として位置づけられることを意味している。中国や北朝鮮は核戦力を有事における米軍の介入を

（3） U.S. Congressional Research Service (2022) Russia's Nuclear Weapons: Doctrine, Forces and Modernization, April 21

（4） The President of the Russian Federation Executive Order (2020) Basic Principles of State Policy of the Russian Federation on Nuclear Deterrence, June 8

（5） こうした論点については、神保謙（2019）「中国：『最小限抑止』から『確証報復』への転換」高橋杉雄・秋山信将編『「核の忘却」の終わり：核兵器復権の時代』勁草書房を参照。

（6） Hwang Ildo (2022) DPRK's Law on the Nuclear Forces Policy: Mission and Command & Control, *IFANS Focus*, September 14

阻止する手段としてのみならず、日米同盟や米韓同盟を切り離す目的としても用いるだろう。すなわち「東京を守るためにワシントンを犠牲にするのか」と米国の核の傘の有効性を牽制し、「米国を支援すれば日本は核戦争を覚悟すべき」として日本の対米支援を分断することである。

北朝鮮の核開発と新たな核ドクトリンに最も強く反応したのは、北朝鮮と対峙する韓国だった。[7]韓国で2022年5月に発足した尹錫悦政権は、米韓同盟における米国の核拡大抑止の強化を強く主張した。韓国の世論調査では保守層を中心に、韓国自身の核保有支持が拡大している。こうした動向に対して、米韓両国は2023年4月に「ワシントン宣言」を発表し、米韓核協議グループ（NCG）を通じて、米国の核戦略に対する韓国の関与を強める決定を行っている。[8]

2. 核共有をめぐる議論と拡大抑止の前提

日本国内では2022年3月の安倍晋三元首相の問題提起を契機として、北大西洋条約機構（NATO）における核シェアリングを、日米同盟において導入する是非に関する議論が高まった。その意図する内容は論者によって様々であるが、根底にある問題意識は、米国の核拡大抑止（核の傘）を核シェアリングという追加的手段によって確実なものにしたいという狙いで共通している。したがって、議論すべき課題は、拡大抑止を強化する手段として核シェアリングが有効なのかということに絞られる。

抑止力は、一般的に相手の有害な行動を阻止する力と定義される。一見単純な行動力学のように見えるが、相手がどのような条件によって有害な行動を思いとどまるか、が重大な課題となる。安全保障論では、（懲罰的な）抑止力が成立する条件として、相手国に対する①（耐え難い損害を与える）報復能力、②報復する政治的意思の明示、そして③相手国がこれら能力・意思を理解していること、の3条件が必要とされる。核兵器はこの①報復能力が圧倒的であるが故に、抑止論の発展に決定的な役割を果たしてきた。

拡大抑止は、この抑止力を友好国である第三国（多くの場合同盟国）に提供する機能を指す。核兵器を持たない国が核保有国である懸念国を抑止するためには、核保有国が同盟国の代わりに抑止力を提供する必要がある。これを核拡大抑止（もしくは「核の傘」）という。核拡大抑止のために、以上の抑止3条件を同盟国に代わって適用することを、懸念国が理解する必要がある。

例えば米国が同盟国に対して再三「核を含む……揺るぎないコミットメント」（日米安全保障協議委員会、2022年1月7日）を表明するのは、核拡大抑止提供のための政治的意思を明確にするためである。[9]

(7) Jennifer Lind and Daryl G. Press (2023) South Korea's Nuclear Options: As Pyongyang's Capabilities Advance, Seoul Needs More Than Reassurance From Washington, *Foreign Affairs*, April 19
(8) U.S. White House (2023) Washington Declaration, April 26
(9) 外務省（2022）「日米安全保障協議委員会（2＋2）」共同発表1月7日

拡大抑止を成立させるもう一つの重要な要素は、同盟国が拡大抑止を信頼することである。同盟国はもっぱら核報復攻撃を米国に依存することから、「米国自身を危険にさらしてでも同盟国を防衛するために核兵器を使用するだろうか」という疑念にかられる（＝デカップリング）。中国や北朝鮮はこうした心理を巧みに利用して、有事には米国が同盟国を見捨てるであろうことを喧伝する。こうした状況が「同盟国を安心させるのは、懸念国を抑止するよりはるかに難しい」（ヒーリーの法則）と言われる所以である。(10)

3．NATO核シェアリングと拡大抑止

NATOの核シェアリングが成立した歴史的背景にも、同盟国の拡大抑止に対する不安があった。(11) ソ連が1950年代に米本土を射程に収める核兵器を配備すると、西欧諸国内では「見捨てられる恐怖」（米国が西欧防衛のための核兵器を使用しない）と「巻き込まれる恐怖」（欧州が望まない段階で核兵器を使用してしまう）という状況（＝アライアンスジレンマ）に遭遇することになった。こうした経緯から、西欧諸国には米国の核兵器使用を自らの力で統御する誘因が高まっていった。

その後1966年に「核計画グループ」（7カ国の国防相で構成する核協議）を通じて、欧州に配備された米国の核兵器の作戦計画や運用を共有することによって、核共有の信頼性を確保す

ることが、現在までの基盤となっている。

NATOの核シェアリングは「同盟の核抑止の任務、関連する政治的責任と意思決定を共有することである。これは核兵器を共有することではない。（中略）核シェアリングは核抑止の利益、責任とリスクを同盟国間で共有することを担保する」（NATOファクトシート、2022年）と定義されている。[12] 具体的には、ドイツ、ベルギー、オランダ、イタリア、トルコの領土に米国の核兵器を配備し、同盟国の航空機によって航空機搭載型のB61核爆弾を投下する、という形態をとっている。

NATO核シェアリングにおける核兵器の意思決定は、核計画グループであらかじめ合意された作戦計画に基づき、米国と同盟国との合意を前提とする。これを核シェアリングの「二重鍵」とも呼ぶ。

ただし注意すべきは、この「二重鍵」において米国は拒否権を持っており、NATOが単独で

---

(10) Linton Brooks and Mira Rapp-Hooper (2013) *Extended Deterrence, Assurance, and Reassurance in the Pacific during the Second Nuclear Age*, The National Bureau of Asian Research

(11) 岩間陽子編（2023）『核共有の現実：NATOの経験と日本』信山社、新垣拓（2016）『ジョンソン政権における核不拡散政策の変容と進展』ミネルヴァ書房、新垣拓（2022）「NATO核共有制度について」『NIDSコメンタリー』3月17日、鶴岡路人（2024）『模索するNATO：米欧同盟の実像』千倉書房

(12) NATO Public Diplomacy Division (2022) NATO's Nuclear Sharing Arrangements, *Factsheet*, February

核使用を決断できるわけではなく、また仮にＮＡＴＯが核使用を拒否しても米国は核シェアリング以外の米核戦力を使用することができる。核シェアリングにおけるＮＡＴＯの関与が形式的なものにとどまると評価される理由はここにある。

また、現代の欧州の戦略環境において、ＮＡＴＯ諸国に配備された合計１００発ほどの戦闘機搭載の投下核爆弾が、核抑止においてどれほど意味を持つか、ということについても議論が絶えない(13)。

ではＮＡＴＯ核シェアリングに意味がないか、といえばそうではない。核シェアリングの最大の効力は、米国と欧州諸国間の核拡大抑止に対する信頼性の担保にある。とりわけ核計画グループを通じて、米国と主要ＮＡＴＯ諸国は核戦略と作戦計画についての協議を恒常的に実施し、「核抑止の任務、政治的責任と意思決定を共有」している。そしてＮＡＴＯ共同演習を通じて、通常戦力から核兵器の使用までのエスカレーションの各段階において、米国と同盟国との連携を確認し、これを潜在的な懸念国に対して明示しているのである。

これらの日常的な関係こそが、歴史的経緯を積み重ねて切り離し（デカップリング）とアライアンスジレンマを軽減する基盤となっているのである。

4．日本を取り巻く戦略環境と核シェアリングの妥当性

核シェアリングは、日本の将来の防衛態勢や日米同盟の拡大抑止力に寄与するだろうか。まずＮＡＴＯ型の核シェアリング（日本の戦闘機に非戦略核爆弾Ｂ61を搭載）には、付随する政治的・軍事的な問題があまりに大きい。非核三原則や核兵器不拡散条約（ＮＰＴ）に関わる問題もさることながら、軍事的合理性においても妥当ではない。

例えば冷戦期の欧州における戦術核使用は、ワルシャワ条約機構軍がＮＡＴＯ軍に対して通常戦力で優位を保つ状況で、西欧諸国への軍事侵攻に対して核兵器の使用によって撃退するということを前提にしていた[14]。これに対し、アジアの戦略環境は海と空が主体であり、懸念国の攻撃は兵力集中よりも分散型編成になる可能性が高く、小規模の核兵器の海上使用は敵の侵入を阻止・遅延させる効果に疑問符がつく。

北朝鮮の核戦力に対する対兵力（カウンターフォース）攻撃の手段としても、日本から戦闘機

（13）この点に鋭く切り込んでいるのが以下の論文。高橋杉雄（２０２２）「日米同盟に『核共有』は必要か」『正論』５月号。

（14）Beatrice Heuser (1997) *NATO, Britain, France and the FRG: Nuclear Strategies and Forces for Europe, 1949–2000*, Palgrave Macmillan, London

を1時間近くかけて北朝鮮上空に侵入させ、防空システムを突破して投下して帰投するという作戦が、他の攻撃手段（米長距離爆撃機、大陸間弾道弾、潜水艦発射型弾道ミサイル）との比較において即応性や標的破壊能力に優れているわけではない。

また核兵器の出力を上げて、懸念国の都市部に対する核攻撃をする選択肢も考えられるが、これは民間人の大量殺戮を前提とする覚悟が求められる。日本が憲法上「保持できる戦力」として「個々の兵器のうちでも、性能上専ら相手国国土の壊滅的な破壊にのみ用いられる、いわゆる攻撃的兵器を保有することは、直ちに自衛のための必要最小限度の範囲を超えることとなるため、いかなる場合にも許されません」という解釈に抵触することになる。(15)

さらに、核兵器を日本国内に貯蔵し、これを有事に使用することが明確である場合、懸念国は日米による先制核攻撃の準備と認識し、これを早期段階において攻撃（核攻撃を含む）によって排除しようとするだろう。いわゆる「危機における安定性」が著しく悪化するという状況である。(16)

こうして論点を整理すると、いわゆるNATO型の核シェアリングを日本が導入することが、日本の安全保障に寄与すると結論づける合理性は乏しい。

ただし重要なことは、核シェアリングの要諦は「同盟の核抑止の任務、関連する政治的責任と意思決定を共有する」ことにある。この目的を達成することに絞れば、核シェアリングの形態を必ずしもNATO型に限る必要はない。

米国の核兵器を日本に貯蔵・配備し、自衛隊の航空機によって航空機搭載型核爆弾を投下する共同運用について軍事的合理性が乏しいと指摘したが、これは何も核拡大抑止の強化が必要ないということを意味しない。これまでの議論に敷衍すれば、「核戦力の共有」型が困難でも「核戦略協議」型の核拡大抑止強化は必須の課題と言える。

日米同盟が取り組むべきは、平時から核兵器の使用に至る段階までの作戦計画を共同策定し、すべての段階における日米共同演習を繰り返すことである。核拡大抑止の領域では2010年から日米間では審議官級の「日米拡大抑止協議」が開催されているが、核兵器の運用について意思決定と責任を共有するには、これを閣僚級に格上げすることが望ましい。

実際、2024年7月には初の「拡大抑止に関する日米閣僚会合」が開催された[17]。同会合の共同声明が「抑止力を強化する上での閣僚会合の重要性を強調」したように、外交・安全保障の責任を担う閣僚が核抑止の政治的責任を担うことを象徴している。核兵器が通常兵器と一線を画す、破滅的な破壊力を有する兵器体系だからこそ、同盟国が担うべき責任も重いと言えるのである。

NATO型の核シェアリングは、NATO加盟国間での核抑止と核使用に関する意思決定と政治的責任を共有する枠組みだが、本章は日本がNATO型の核シェアリングを導入する際の問題

(15) 防衛省(2024)『令和6年度版 防衛白書』
(16) 村野将(2022)「非核三原則の見直しと『核共有』は、東アジアの拡大抑止モデルとなりうるか：核をめぐる安全保障課題と日本の対応」『Foresight』3月11日
(17) 外務省(2024)「拡大抑止に関する日米閣僚会合共同発表」7月28日

を議論してきた。しかし日本を取り巻く安全保障環境、とりわけ中国・北朝鮮・ロシアの核戦力がより現実的な脅威を増すなかで、日米同盟の核拡大抑止の重要性は顕著に高まっている。核拡大抑止の信頼性を、抑止力と同盟国の信頼の双方を担保しながら強化する方策を、常に更新し続ける必要がある。

【Column】アジア版NATO

第2次世界大戦後のアジアの安全保障を基本的に構成したのは、米国と同盟国を二国間の安全保障条約で結びつけた「ハブ・スポークス関係」だった。ただ近年は、これら二国間の同盟関係が、互いに連携を深める構図が進展している。日米韓・日米比・日米豪のそれぞれの安全保障協力が深まっていると同時に、日米豪印クアッド協力や、米英豪AUKUSといった新たな枠組みも関係性を強化している。こうした延長線上に「アジア版NATO」が形成されようとしている（もしくはするべきだ）という主張も見られるようになった。

この議論が着目されたのは、2024年9月に自民党総裁選に勝利し、首相に就任した石破茂氏が米シンクタンクに寄稿した論考のなかで「アジア版NATOの創設」を提唱したことによる。石破によれば、「アジアにNATOのような集団的自衛体制が存在しないため、相互防衛の義務がないため戦争が勃発しやすい状態」にあり、この状況で「中国を西側同盟国が抑止するためにはアジア版NATOの創設が不可欠である」とした。石破はこれまでの著作等でもしばしば同構想を取り上げており、「アジアにおける集団安全保障」を形成することへの意欲を示していた。

しかしこの論考でも石破がアジア版NATOの具体像を示したわけではなく、同氏がたびたび使用した集団防衛、集団的自衛、集団安全保障などの概念の誤用や、「中国を抑止」すると述べる一方で、「『いずれ中国も参加してください』というべき性質」など主張の混乱もあり、程なくして内外からの厳しい批判にさらされた。結果として石破政権はアジア版NATOの具体的議論を始めることもなく、首相就任直後の所信表明演説でもこの構想に触れることはなかった。

アジア版NATOをめぐる石破の問題提起は、北大西洋条約機構（NATO）の本質である第5条の集団防衛に関する取り決め（1つの締約国に対する武力攻撃を全締約国に対する攻撃とみなし、これに共同行動をとる）を、アジアの戦略環境に当てはめることがいかに難しいかを浮き彫りにした。

欧州は地続きの戦略環境で、冷戦期はソ連・ワルシャワ条約機構の電撃地上戦に備える必要があった。東西ドイツ国境が最前線で、ベネルクス3国を経てフランス西岸まで1000キロメートルしかない空間だ。しかし、日本からニュージーランドまでは1万キロメートル離れている。アジアの地政学的な環境は、NATO第5条型の共同防衛をするには、あまりに地理的に広大で、各国における安全保障上の優先順位が多様である。そのため、米国との二国間の安全保障上の結びつきが、依然として有効であることを示している。

ただし、この事実は、アジアの安全保障における多国間協力の可能性を否定するものではない。冒頭に述べたように、冷戦期に形成された米国との二国間同盟は、同盟国間同士の安全保障協力や、それらを3カ国（それ以上）でつなぐ「ミニラテラル」といった枠組みが多層的に形成されている。しかし、重要なことはこうした同志国間協力が「集団防衛未満」の安全保障協力として形成されていることである。近い将来にアジア域内における多国間の集団防衛の取り決めが生まれる可能性は限りなく低い。

【参考文献】

・岩間陽子編（2023）『核共有の現実：NATOの経験と日本』信山社
・佐藤行雄（2017）『差し掛けられた傘：米国の核抑止力と日本の安全保障』時事通信社出版局
・ロバート・ジャーヴィス（2024）『核兵器が変えた軍事戦略と国際政治』（野口和彦・奥山真司・高橋秀行・八木直人訳）芙蓉書房出版
・高橋杉雄・秋山信将編（2019）『「核の忘却」の終わり：核兵器復権の時代』勁草書房
・ブラッド・ロバーツ（2022）『正しい核戦略とは何か』（村野将訳）勁草書房

論点
5

台湾有事や尖閣占拠にどう対処するか

笹川平和財団上席フェロー　小原凡司

POINT

中国が「台湾統一」や尖閣諸島の「統一」を諦めることはないが、中国が武力行使するかどうかの重要な判断要素は米国が軍事介入するかしないかである。台湾有事には種々の烈度のシナリオが考えられるが、中国は、米国が軍事介入しにくいように行動するだろう。日本や米国は中国のそれら行動を抑止し、対処できるよう、具体的計画に基づいて能力向上を図るべきである。

1. 台湾「統一」に対する中国の考え方

○想定される様々な選択肢

中華人民共和国（中国）が「台湾統一」を諦めることはなく、台湾の人々が中華人民共和国に吸収されるのをよしとしない現状に鑑みれば、台湾有事の可能性が低いとは断定できない。「台湾統一」と同様、尖閣諸島の「統一」も中国共産党が実現するという「祖国統一」の一部であり、中国が諦めることはない。尖閣諸島を奪取するかどうかではなく、いつ奪取するかの問題である。しかし、中国共産党にとって、「台湾統一」は尖閣諸島の「統一」より優先順位が高く、また、米国の同盟国である日本と衝突することになれば、米国との戦争も覚悟しなければならない。

米国との戦争を避けたい中国が、「台湾統一」前に尖閣諸島を軍事力で奪取して、米国の地域への軍事的関与の強化を誘発しようとするとは考えにくい。そこで、本章では台湾有事を中心に論じ、最後に尖閣諸島問題に触れることにする。また、台湾有事にどう対処するかを論じるためには、まず、中国がどのような考えに基づき、どのような手段を用いるのかを理解しなければならない。しかし、台湾「統一」のために用いられる手段は一通りではなく、中国は多くの選択肢を有している。台湾有事は単純ではなく、様々な様相が想定されるのである。

○「平和統一」消滅の意味

中国は、少なくとも2024年1月までは「平和統一」の追求を公言していたが、[1]同年3月に開催された全国人民代表大会（全人代）において行われた李強首相による『政府活動報告』から「平和統一」の表現が消えたことを受け、[2]台湾および各国メディアは警告を発した。中国が平和統一という方針を変更し、武力行使に踏み切るという意思を示した可能性が報じられたのだ。

中国共産党中央台湾工作弁公室・国務院台湾事務弁公室（同一の組織が党と国家の2つの看板を掲げている）は同年3月13日に、全人代における政府活動報告から「平和統一」という表現が消えたことに対する記者の質問に答えて、「平和統一と『一国二制度』は、台湾問題を解決するためのわれわれの基本方針であり、祖国統一を実現する最善の方法であり、台湾海峡両岸の同胞と中華民族にとって最も有利である。われわれは、平和的統一のために最大の誠意と力を尽くして努力するが、武力行使の放棄を約束することは決してなく、外国の干渉と台湾独立を求めるごく少数の分離主義的小集団、およびその分離主義的活動に向けられたあらゆる必要な措置をとる選択肢を留保する」と、これまでの公式発言と同様の表現を用いていることから、[3]政府活動報告は、武力行使の決意の表明というよりも、台湾に対する警告の意味合いが強いと考えられる。

2023年9月に台湾国防部が発表した『中華民國112年國防報告書』が、「中国が武力を用いた台湾への威嚇をエスカレートさせ、『以武促統　以戦逼談（武力を以て統一を促し、戦闘を以て交渉を迫る）」という目標を追求している』と述べているように、中国は台湾に対して武力行使をチラつかせて不安を煽る等の認知戦を積極的に展開している。中国は、米国要人の台湾訪問や台湾総統の言動を捉えて、繰り返し台湾に対する軍事的圧力をかけるのだ。

２０２４年1月13日に行われた台湾総統選挙で民進党の頼清徳氏が当選すると、中国軍用機が頻繁に中国と台湾の中間線を越えて飛行する等、「新常態」のレベルを上げ、同年5月20日に同氏が総統就任演説を行うと、「台湾独立工作員の本性を表した」と反発し、懲罰として台湾を取り囲むように軍事演習を行った。

これは「平和統一」という表現の解釈が、日本や欧米諸国と中国の間で異なる可能性を示唆するものである。こうした軍事的圧力は、日本などでは平和的手段とは捉えられないだろうが、現在に至るまで「平和統一」を主張しているということは、中国が、軍事行動による威圧は平和的手段であると認識している、あるいは主張しているということである。

（1）「国台办：坚持寄希望于台湾人民方针、团结广大台湾同胞共同推进祖国和平统一进程」中共中央台湾工作弁公室、国務院台湾事務弁公室、２０２４年1月17日（http://www.gwytb.gov.cn/xwdt/xwfb/wyly/202401/t20240117_12594375.htm）

（2）「最全！50个动态场景看２０２４《政府工作报告》全文」中華人民共和国中央人民政府、２０２４年3月5日（https://www.gov.cn/yaowen/liebiao/202403/content_6936260.htm、２０２４年3月6日最終確認）

（3）「国台办回应今年政府工作报告涉台部分没提〝和平统一〟问题」『央視網』２０２４年3月13日（https://news.cctv.com/2024/03/13/ARTIzYP0ChZghBdDAWj2H08l240313.shtml）

2. 中国の対米抑止

○アクション・リアクション・ゲーム

中国が「平和統一」を最も望ましい手段と考えていることは間違いないだろう。しかし、習近平氏が「平和統一」は難しいと判断したら、中国が武力行使に踏み切る可能性は高い。中国はどのような手段を用いてでも台湾「統一」を達成しようとする。日本をはじめとする周辺諸国や米国にとっての優先事項は武力衝突を避けることであるが、中国にとっての優先事項は「台湾統一」であり、そのためであれば武力衝突はやむなしと考える。それでも、武力統一が失敗してしまえば、習近平氏および中国共産党の権威は失墜し、政権の維持すら危ぶまれることから、中国は慎重に手段を選ぶだろう。

この認識が正しいとすれば、中国が最初から大規模な着上陸作戦を実施する可能性は低い。しかし、日本、台湾、米国等がそのように認識し、警戒を緩めれば、中国はこれを好機と捉えて大規模な軍事侵攻を決行するかもしれない。状況は、一方のアクターが引き起こすという単純なものではなく、複数のアクターのアクション・リアクション・ゲームの結果として生じるものだ。このゲームは認知戦でもある。

○台湾武力侵攻の条件

中国が台湾武力侵攻を決心するためにはいくつかの条件があり、そのなかでも最重要なのが、米国による軍事介入の有無である。中国は、現在でも米国との戦争に勝利することは困難であると認識している。たとえ個々の戦闘に勝つことができたとしても、米国および同盟国によって中国本土が攻撃され、被害が出れば、習近平氏と共産党の面子は潰れる。中国共産党にとって、共産党による長期の安定した独裁的統治は最優先の目的である。共産党による中国の統治が脅かされれば、中国にとって戦争に勝利したとは言えないだろう。

そのため中国は、米国が軍事介入しないよう種々の方法を考える。そのなかでも中核をなす方法は、核兵器および通常兵器による抑止である。

建国当初、中国には経済力が十分でなく、通常兵力と核兵力の双方を増強することが難しい状況にあった。こうした経済的状況下、中国は核弾頭とその運搬手段であるミサイルの開発に国内資源を集中する決心をし、以降、積極的に開発を進めてきた。1960年2月、中央軍事委員会は「両弾（ミサイルと原子力爆弾）を主とするが、ミサイルを第一とする」方針を明確にして核弾頭搭載ミサイルの研究開発を進め、66年に「両弾結合（核弾頭をミサイルに搭載すること）」試験に成功したのである。[4]

○兵力乖離解消への取り組み

先述の通り、中国は対米核抑止を最重要視しているが、それでも米国に対する核抑止が破綻するのではないかと恐れてきた。核弾頭や大陸間弾道ミサイル（ＩＣＢＭ）発射機の保有数について米国と中国の間に大きな乖離があると認識するからである。

中国はこの乖離を埋めるために急速に核兵器能力を増強している。米国防総省の「２０２３年版中国軍事力レポート（2023 MILITARY AND SECURITY DEVELOPMENTS INVOLVING THE PEOPLES REPUBLIC OF CHINA）」は、中国が２０３０年までに１０００発、２０３５年までに１５００発の核弾頭を配備すると予測した。また、中国は、２０２０年前後から、新疆ウイグル自治区哈密（Hami）、内モンゴル自治区鄂爾多斯（Ordos）、甘粛省玉門（Yumen）の、それぞれ広大な大陸間弾道ミサイル（ＩＣＢＭ）サイロ・フィールドに、合計約３００基のＩＣＢＭサイロを建設してきた。２０２４年8月現在、これらサイロは完成に近い状態にあり、少なくとも一部にミサイルが装填されていると考えられている。

核の三本柱はＩＣＢＭ、戦略爆撃機、戦略原潜であるとされ、中国はＩＣＢＭの増強だけでなく、新たなＨ－20爆撃機を開発中であり、渤海造船所において新型の０９６型戦略原潜を建造中である。それでも中国は安心していない。核兵器では米国に並ぼうとしているという自信を見せる中国が懸念するのは、通常兵力の差異である。この瞬間にでも、米国は中国本土を通常兵力によって攻撃できるが、中国は、米国本土を通常兵力で攻撃する能力を有していない。そのため、中国は、空母や大型駆逐艦の開発、建造を進めている。

3．中国のグレーゾーンにおける作戦

○ハイブリッド戦の目的

中国は核兵器および通常兵器の能力を誇示して、中国が台湾に対して武力行使した際に米国が軍事介入するのを抑止しようとしている。しかし、習近平氏が合理的に判断できるのであれば、米国が軍事介入する理由を与えないように、大規模な軍事力の行使に至らないグレーゾーンにおいて種々の作戦を展開すると考えられる。通常兵力による正規戦では米国に及ばないと認識する中国が、テロ行為や影響工作をはじめとする正規戦以外の種々の手法で、かつ、全面的な軍事衝突に至らないあらゆる手段を用いて戦う、いわゆるハイブリッド戦である。

その目的は、台湾に対する情報の流れや物流を遮断し、台湾社会を不安に陥れ、分断し、あわよくば対立させて混乱させ、中国の圧力に対抗する強靭性や抵抗力を失わせることにある。

中国が米国との全面的な軍事衝突を避けたいと考える理由には、中国側に大規模な人的損失が

(4)「毛泽东与两弹一星」『中国共产党新闻网』２０１３年05月27日(http://dangshi.people.com.cn/n/2013/0527/c85037-21624030.html、２０２１年9月15日最終確認)

生じたり、中国本土に対する攻撃を受けて損害を受けたりすれば、中国社会が共産党の政策に対する不満を高め、抗議活動などが活発化して、共産党の権威が失墜する可能性があることも挙げられるだろう。

中国が言う「平和統一」は、中国側に大規模な人的損失などを出さない範囲の工作を用いて台湾政府および社会を屈服させ、「統一」に同意させるものだとも言える。

インターネットを通じて簡単に種々の情報にアクセスできる現在の状況で、海外からの情報が途絶え、周辺の状況が分からなくなれば、それだけで人々は不安にかられる。さらに、物流が滞り、食料や日用品が十分に入手できなくなり、サイバー攻撃等によって金融システムが機能しなくなれば、状況が分からないことも相まって、人々の不安はさらに高まり、社会に不満も溜まる。

○サイバー攻撃＋偽情報

情報の遮断を実現する主要な手段がサイバー攻撃である。ロシアがウクライナに軍事侵攻する直前にも侵攻後にも、ロシアはウクライナに対して大規模なサイバー攻撃を仕掛け、ウクライナ政府が機能不全に陥り、同国のテレコム会社がサービスを提供できない状況をつくりだそうとした。

例えば、侵攻前日の2022年2月23日、ロシアは19のウクライナ政府関連施設および重要インフラに対する大規模なサイバー攻撃を仕掛けている。また、同年3月28日、ウクライナ政府関係者とウクライナ国営電気通信会社ウクルテレコム社の代表が、同社が強力なサイバー攻撃を受けてインターネットサービスに混乱が生じたと述べ、インターネット・サービスの混乱を監視しているNetBlocksは、同日早朝、「国家規模の混乱が継続し、かつ悪化しており、接続が崩壊している」とツイッター（現X）に投稿した。(5)

中国も、台湾政府機関や台湾軍の指揮システム等にサイバー攻撃を仕掛けるほか、台湾社会を混乱させるために、情報通信、金融、物流、医療、交通、ライフラインに関するシステムに対しても大規模なサイバー攻撃を仕掛けると考えられる。

台湾政府および社会は、長期にわたって、軍事的圧力やディスインフォメーション・キャンペーンを含む中国の影響工作にさらされてきたため、通常の状態であれば、中国の影響工作に対する一定の耐性を有している。しかし、電気やガスが使えなくなり、銀行からお金を引き出せなくなり、食べるものがなくなり、さらに情報が得られなくなって状況が分からない、という状態になれば、人々の不安は高まり、苛立ちが募り、考え方の違う人々相互の憎悪が増幅し、政府に対する不満が高まる可能性がある。

(5) Ukrainian telecom company's internet service disrupted by 'powerful' cyberattack, REUTERS, March 29, 2022 (https://www.reuters.com/business/media-telecom/ukrainian-telecom-companys-internet-service-disrupted-by-powerful-cyberattack-2022-03-28/ 2023年6月2日最終確認)

こうした状態で中国が工作員等を用いて偽情報を拡散すれば、台湾社会は隠されていた脆弱性を曝け出すかもしれない。現在でも、台湾政府は、特に台湾の若年層が中国のディスインフォメーション・キャンペーンやその他の影響工作に対して無防備であることを懸念している。

○海上輸送遮断のシナリオ

中国は、台湾に対する物流を妨害するために、実質的な海上封鎖・航空封鎖を行うと考えられる。しかし、封鎖（Blockade）は軍事行動とみなされることから、中国は、米国に軍事介入の口実を与えないために、別の理由をつけて、例えば、高雄沖の海域などで民間船舶の航行を阻止するだろう。その理由は中国国内法に基づく法執行でなければならず、例えば、疫病・感染症の検疫などが理由にされる可能性もある。

また、中国は、海上輸送等をいきなり完全に遮断することはないだろう。中国は、既に、ペロシ米下院議長（当時）訪台後の２０２２年８月４日から実施した人民解放軍の演習でも、頼清徳氏の台湾総統就任演説に反応して実施された２０２４年５月23日および24日の演習でも、高雄沖合に大きな演習海空域を設定している。

中国が実際に海上輸送等の遮断を行う際には、時期も期間もランダムに設定し、繰り返し行うと考えられる。台湾社会を動揺させるためである。この段階で、中国は台湾と海外の情報を完全に遮断しようとはしないだろう。中国はネット上での影響工作を継続し、台湾社会の動揺を増幅したいと考えるからだ。

中国は、実質的な海上封鎖・航空封鎖を実施して物流を遮断した後、台湾政府および社会の状況を見て、前出の各システムに対して大規模なサイバー攻撃を仕掛けると同時に、台湾につながる海底ケーブルを切断し、ライフラインを破壊する等の物理的な攻撃を行うと考えられる。

この段階での物理的打撃は、ゲリラ攻撃が主であり、ミサイル等の精密打撃は限定的であるだろう。この段階では、台湾の人々の不安を煽ることが目的であり、砲撃やミサイル攻撃は数発であっても、次はいつ、どこが攻撃されるのかと人々に恐怖を感じさせることができ、一方で、米国が軍事介入を容易に決心できないようにするためでもある。

台湾社会を不安に陥れたところで、政府や考え方の違う人たちに対する憎悪を煽り、対立を生じさせるために、中国はディスインフォメーション・キャンペーンを含む影響工作を仕掛けると考えられる。

中国人民解放軍は、2004年に「輿論戦、心理戦、法律戦（三戦）」を明記した「中国人民解放軍政治工作条例」を新たに発布して以降、公式に三戦の研究と訓練を行ってきた。しかし、ウクライナ侵攻時にロシアが行った種々の影響工作が成果を上げられなかったことからも理解できるように、影響工作は期待通りの効果を得られるとは限らない。

4. 中国による台湾武力統一の試み

上記の、グレイゾーンにおける工作によって台湾を屈服させることができなければ、中国は軍事力の行使に踏み切るだろう。中国にとって「台湾統一」は、どのような手段を用いても実現しなければならないのである。

中国の台湾に対する武力行使は、台湾や米国の準備が整わないうちに大規模な着上陸作戦を行って短期の内に台湾を占領しようと試みるかもしれないが、一方で、段階的に烈度を上げる可能性もある。どのような作戦計画が採用されるかは、その時点での中国の情勢認識によるが、現在の中国国内政治状況を見れば、それは習近平氏の認識によるという意味でもある。

いずれにしても、中国が台湾に対する本格的な武力行使に移行する段階で行うと考えられるのが、短距離弾道ミサイル（SRBM）、巡航ミサイル、長射程ロケット等による爆撃である。

○中国ロケット軍の装備

中国ロケット軍の地上ミサイル戦力は、海軍と空軍の精密打撃能力を補完するものである。中国ロケット軍が台湾を爆撃する際に用いると考えられる通常弾頭のミサイルには、CSS－6（DF－15）SRBM（射程725～850キロメートル）、CSS－7（DF－11）SRBM（同600キロメートル）、CSS－11（DF－16）SRBM（同700キロメートル以上）、CS

図5－1　中国ロケット軍の旅団の配置（2022年9月現在）

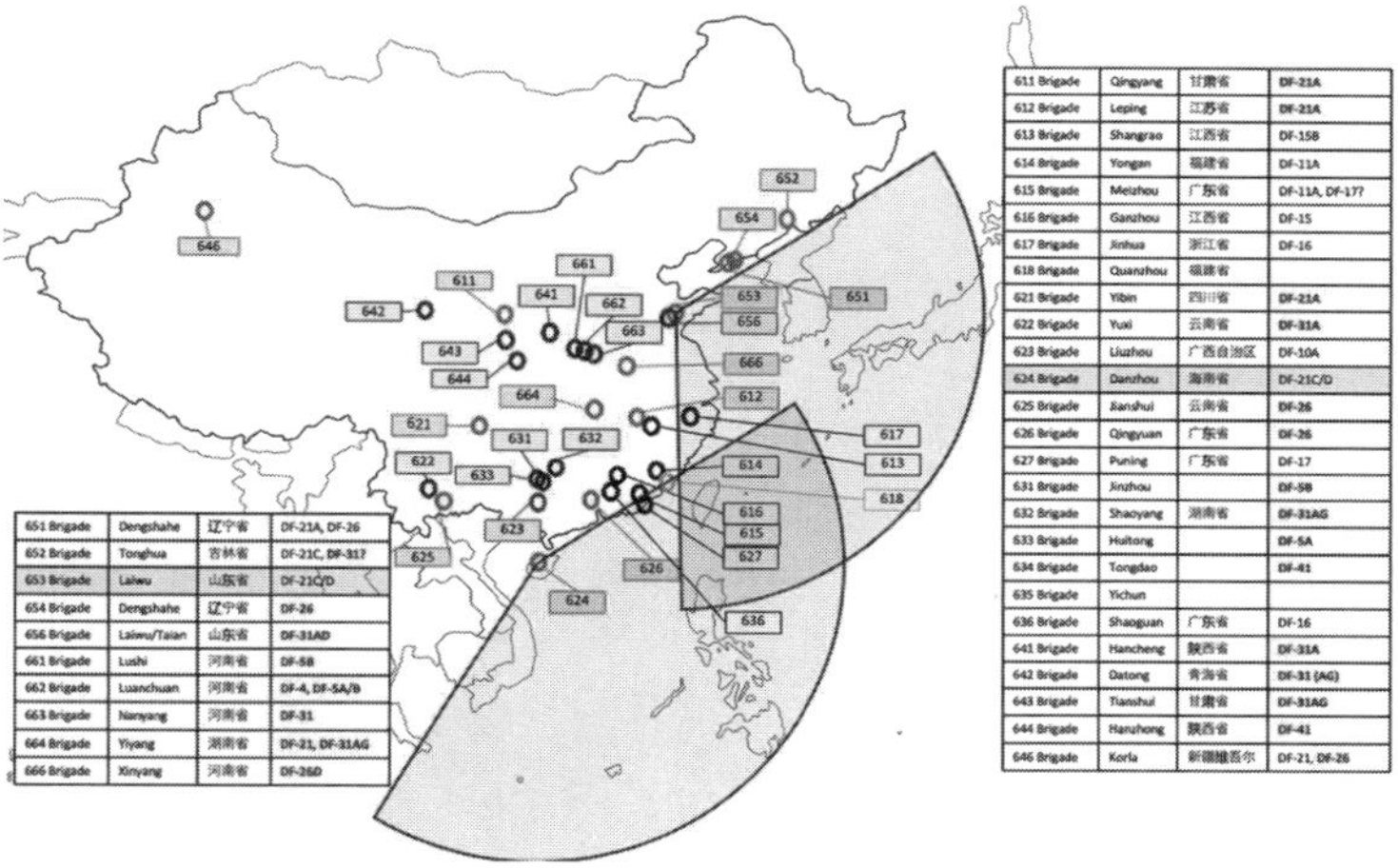

651 Brigade	Dengshahe	辽宁省	DF-21A, DF-26
652 Brigade	Tonghua	吉林省	DF-21C, DF-31?
653 Brigade	Laiwu	山东省	DF-21C/D
654 Brigade	Dengshahe	辽宁省	DF-26
656 Brigade	Laiwu/Taian	山东省	DF-31AD
661 Brigade	Lushi	河南省	DF-5B
662 Brigade	Luanchuan	河南省	DF-4, DF-5A/B
663 Brigade	Nanyang	河南省	DF-31
664 Brigade	Yiyang	湖南省	DF-21, DF-31AG
666 Brigade	Xinyang	河南省	DF-26D

611 Brigade	Qingyang	甘肃省	DF-21A
612 Brigade	Leping	江苏省	DF-21A
613 Brigade	Shangrao	江西省	DF-15B
614 Brigade	Yongan	福建省	DF-11A
615 Brigade	Meizhou	广东省	DF-11A, DF-17?
616 Brigade	Ganzhou	江西省	DF-15
617 Brigade	Jinhua	浙江省	DF-16
618 Brigade	Quanzhou	福建省	
621 Brigade	Yibin	四川省	DF-21A
622 Brigade	Yuxi	云南省	DF-31A
623 Brigade	Liuzhou	广西自治区	DF-10A
624 Brigade	Danzhou	海南省	DF-21C/D
625 Brigade	Jianshui	云南省	DF-26
626 Brigade	Qingyuan	广东省	DF-26
627 Brigade	Puning	广东省	DF-17
631 Brigade	Jinzhou		DF-5B
632 Brigade	Shaoyang	湖南省	DF-31AG
633 Brigade	Huitong		DF-5A
634 Brigade	Tongdao		DF-41
635 Brigade	Yichun		
636 Brigade	Shaoguan	广东省	DF-16
641 Brigade	Hancheng	陕西省	DF-31A
642 Brigade	Datong	青海省	DF-31 (AG)
643 Brigade	Tianshui	甘肃省	DF-31AG
644 Brigade	Hanzhong	陕西省	DF-41
646 Brigade	Korla	新疆维吾尔	DF-21, DF-26

（出所）筆者作成

S－5（DF－21）準中距離弾道ミサイル（MRBM）の陸上攻撃型および対艦攻撃型（同約1500キロメートル）、極超音速滑空機搭載可能なDF－17 MRBM、DF－26中距離弾道ミサイル（IRBM、同3000〜4000キロメートル）、CJ－10（DH－10）地上発射巡航ミサイル（GLCM、同約1500キロメートル）、CJ－100（DF－100）GLCM（同約2000キロメートル）がある。

○中国ロケット軍の攻撃力

中国のSRBM旅団は、台湾を射程に収めるために、沿岸部に集中している（図5－1参照）。また、中国陸軍が運用する191型多連装自走ロケット砲（PHL191）は、射程200キロメートルを超える370ミリロケット弾、および「火龍480」と呼ばれる射程290キロメートルの750ミリ戦術弾道ミサイルなどを発射でき、中国本土から台湾を攻撃できる。

さらに中国は、同時に、海軍艦艇および海空軍の航空機から巡航ミサイルなどを用いて空爆を行う。台湾東部の花蓮空軍基地等は、台湾本島を南北に走る山脈のために中国本土からのミサイルやロケット攻撃では損害を与えるのが難しい。しかし、台湾東方海域に展開する、空母を含む中国海軍艦隊、および航続距離が6000キロメートルと言われるH－6爆撃機等が、台湾東側から巡航ミサイル等を用いて空爆を行うと考えられる。

2022年4月、台湾は、射程1200キロメートルと言われる地上発射型巡航ミサイル「雄昇」の量産を開始すると公表した(6)。しかし、中国本土からのミサイルおよびロケットによる攻撃をすべて排除することは難しく、東方からの空爆も加わって、台湾軍は大きな損失を被ることが予想される。中国は、台湾軍が十分な軍事的抵抗ができなくなったことを確認してから、大規模な軍事侵攻を実施するだろう。

5．中国のグレーゾーン作戦にどう対応するか

○分断・対立を起こさない強靱な社会の構築

上述した中国の「台湾統一」の試みに対抗するために最も重要なことは、中国に武力行使の決

心をさせないことである。中国の武力行使を抑止するためには、台湾のみならず米国および米国の同盟国の意思が揺らがないことを示し、中国の試みは成功しないと中国に認識させることが必要である。抑止は認識の問題なのだ。現在の中国政治の状況から言えば、武力行使は成功せず、かえって自らと中国共産党に耐え難い不利益をもたらすと、習近平氏に認識させる必要があるとも言える。

そのためにも、中国が仕掛ける影響工作、認知戦、心理戦に屈しない強靭な社会を構築することが必要である。日本が取り組むべき具体策としては、日本社会の情報リテラシーを向上させ、ディスインフォメーション・キャンペーンや悪意ある情報によって社会に分断や対立を生じさせないことが重要である。

日本政府は、偽情報の流布をいち早く検知し、対応策を講じる体制を構築しなければならないが、偽情報や悪意ある情報を完全に止めることは難しい。敵対的な影響工作を受けても社会の強靭性を維持するためには、政府と民間が密接に協力する必要があり、社会の情報リテラシーを向上させるための教育などを系統立てて実施すべきである。

---

(6) 「〈独自〉台湾、射程1200キロ巡航ミサイル配備へ　上海射程、対中抑止力強化」『産経新聞』2022年4月21日付 (https://www.sankei.com/article/20220421-X4PUS53DHZMGLJPXCPLGDYNC6A/、2022年6月13日最終確認)

日本政府は、日本社会が情報的に孤立しないよう、サイバーセキュリティの能力を向上させる必要がある。日本でも、2022年12月に、能動的サイバー防御が国家安全保障戦略に明記され、活発な議論が行われているが、法的課題も体制の課題も残っている。

さらに、サイバーセキュリティは、単なるITソリューションで達成できるものではない。米国では、2021年5月に「サイバーセキュリティ向上に関する大統領令」が発出され、脅威情報共有の障害を取り除くことやゼロトラストアーキテクチャの構築などが謳われている。

同大統領令では、脅威情報の共有は、政府機関間だけでなく、政府機関とIT（Information Technology）およびOT（Operational Technology）プロバイダ等を含む民間組織との間でも行われており、さらに強化されるべきとされている。政府機関と民間組織の協力は現在の日本の弱点であり、今後、官民をつなぐハブとなる民間組織の育成・利用などが必要である。

○ゼロトラストアーキテクチャの構築

また、ゼロトラストアーキテクチャに関しては、日本も内閣府や総務省を中心にその考え方を適用しなければならないとしてきた。例えば、2020年6月には政府CIO（Chief Information Officer）補佐官等が「政府情報システムにおけるゼロトラスト適用に向けた考え方」というディスカッション・ペーパーを公開している。しかし、2022年6月30日にデジタル庁が公表した文章は「ゼロトラストアーキテクチャ適用方針」であり、まだ運用方針を示す段階であった。

2023年7月4日にサイバーセキュリティ戦略本部が公表した「政府機関等のサイバーセキュリティ対策のための統一基準（令和5年度版）」には、「ゼロトラストアーキテクチャ」の項目が盛り込まれた。

このなかで、「ゼロトラストアーキテクチャは中長期的な政府情報システムに係るライフサイクル全体にわたって適用されるものであり、特定の実装やソリューションを指すものではない」と、米国と同様の認識が示され、「ゼロトラストアーキテクチャに基づく情報資産の保護策の1つとして、情報資産へのアクセスの要求ごとに、アクセスする主体や、アクセス元・アクセス先となる機器、ソフトウェア、サービス、ネットワークなどの状況を継続的に認証し、認可する仕組みが考えられる」とされた。

しかし、日本では、ゼロトラストアーキテクチャ構築のための具体的な項目やロードマップは公表されていない。ゼロトラストを重要視する米国では、例えば、国防総省が、2022年7月に「国防総省のゼロトラストアーキテクチャ」という文章を公表し、同年10月には「ゼロトラスト戦略」を示した。さらに同省は、同年11月に「国防総省ゼロトラスト能力実現のロードマップ」を公表した。

しかも、このロードマップは「COA（Course of Action）1」とされており、複数のオプションが検討されていることが理解できる。ロードマップでは、同能力実現のために必要な項目が段階的に細分化され、2027年までに設定された目標に達するとされている。ロードマップに

は状況に応じて修正が加えられ、国防総省はその進捗に関して公に報告もしている。(7)

ロシアのウクライナ侵攻の状況を見ても、サイバーセキュリティにはIT企業等の協力が不可欠であることが理解できる。日本政府も、サイバーセキュリティ能力向上のための、具体的な項目を含む目標とその意義、さらには目標達成時期を明示し、絶えず進捗と方向性を検証しなければ、民間企業等に協力を仰ぐのは難しいだろう。

○実質的な海上封鎖・航空封鎖への対応

中国の実質的な海上封鎖・航空封鎖への対応も必要である。どのような理由にしろ、中国が台湾周辺海空域において交通を妨害すれば、日本経済に大きな悪影響を及ぼすだけでなく、尖閣諸島や先島諸島を含む南西諸島は中国が封鎖する海空域に含まれる可能性が高い。日本の国民、領土が中国の軍事的コントロール下に置かれる状態を、日本政府は自らがとるべき行動がとれるように事態認定しなければならない。

例えば、自衛隊や海上保安庁は、中国の封鎖海空域に含まれた日本の領土に居住する国民の生命・生活を守るために、中国の封鎖を破って物資を輸送し、あるいは住民を避退させなければならない。また、平素から、これら能力を構築し、具体的な作戦計画を策定しておく必要がある。

上記の作戦を実施するためには住民および地方自治体の協力が不可欠であるが、地方自治体にも具体的な準備が求められる。日本の「武力攻撃事態等における国民の保護のための措置に関する法律（国民保護法）」は、「武力攻撃事態等において、武力攻撃から国民の生命、身体及び財産を保護し、国民生活等に及ぼす影響を最小にするため」の規定である。武力攻撃事態に至らない状況では、基本的に地方自治体が住民の保護および避退などを行う必要がある。

しかし、問題は、地方自治体に国家レベルの情報収集能力や実働部隊が不足していることである。グレーゾーンに区分される事態に対応する際にも、政府と地方自治体の協力は不可欠であり、緊密な情報共有と協力を実現するための計画の策定および訓練が必要である。

6．中国の武力行使にどう対応するか

○対日有事になった場合

それでも中国が台湾に対して大規模着上陸作戦等の武力行使を開始する可能性はある。中国が

（7） DOD Cyber Officials Detail Progress on Zero Trust Framework Roadmap, *U.S. Department of Defense*, April 3, 2024（https://www.defense.gov/News/News-Stories/Article/Article/3729448/dod-cyber-officials-detail-progress-on-zero-trust-framework-roadmap/#:~:text=DOD%20Cyber%20Officials%20Detail%20Progress%20on%20Zero%20Trust%20Framework%20Roadmap,-April%203%2C%202024&text=The%20Defense%20Department%20is%20on,technology%20officials%20said%20this%20week、２０２４年5月9日最終確認）

武力行使を決心する際に重要な判断要素となるのが、米国の軍事介入である。中国は武力行使する際にも、米国が軍事介入を決心したと認識するまでは、在日米軍基地を含む米軍への直接の攻撃を控えるだろう。

一方の米軍は、スタンドイン・フォースとして戦闘を継続する海兵隊の海兵沿岸連隊（ＭＬＲ：Marine Littoral Regiment）等、一部の部隊を除いて、中国の第一撃を回避するために、いったん、中国の中距離弾道ミサイルや対艦弾道ミサイルの射程外まで下がる可能性もある。

米軍の艦艇や航空機がいなくとも、中国は、再度、展開してくる米軍が自由に使用することができないように、弾道ミサイルおよび巡航ミサイル等を用いて在日米軍基地の破壊を試みるかもしれない。日本の領土に対する空爆は武力攻撃と認められるものであり、日本政府は、台湾有事としてだけではなく、日本有事として対応すべき状態になる。さらに、このときには、中国は米国の軍事介入を信じているので、米軍に協力する自衛隊の基地や部隊も攻撃目標になり得る。

○ミサイル攻撃防御に必要な手立て

弾道ミサイルや巡航ミサイルによる攻撃を完全に防御することは困難である。まず、ミサイル防衛システムは、１００％敵のミサイルを撃墜できるわけではない。撃墜率を上げるためには、米国も含め、統合されたミサイル防衛が必要になる。日本政府は、米軍のシステムとも統合される統合防空ミサイル防衛（ＩＡＭＤ）を早急に構築する必要がある。

さらに、自衛隊が保有するミサイルや砲弾の備蓄はまったく不足しており、中国は簡単に飽和攻撃（相手の対処能力を上回る攻撃）を仕掛けることができる。砲弾やミサイルを急激に増産することは容易ではない。直ちに、自衛隊が保有する弾薬に関する予算制度等を見直し、砲弾やミサイルの増産計画を立て、備蓄を増やす努力が必要である。

それでも、敵のミサイル攻撃等を完全に防御することはできない。中国は、日本から攻撃されることがないと思えば、日本に対するミサイル攻撃等を躊躇する必要はなく、繰り返し攻撃して、日本が受ける物理的・心理的ダメージを拡大していくだろう。

敵の攻撃を完全に防御できないのであるから、敵の空爆を抑止するためには、自らも攻撃する能力を保有しなければならない。現在では、敵のミサイルや航空機による空爆に対して、敵のミサイル発射システム等、飛行場、指揮統制機能、インフラを破壊または無力化する攻勢対航空（オフェンシブ・カウンターエア）が必要であるとされる。

抑止も認識の問題である。例えば、中国が、日本に対してミサイル攻撃を行おうとすれば、日本および日本の同盟国たる米国からもミサイル攻撃を受けると考え、しかも日米の能力が高いと見積もれば、日本に対する攻撃のコストやリスクは高いと認識するのである。

未だ、日本社会には自衛隊が攻撃能力を保有することに拒絶反応があるが、その能力や意図を持たないと敵に示してしまっては、敵の武力行使を抑止するのが難しくなる。日本は攻撃能力を放棄するのではなく、その能力をいつ、どのような状況で行使したのかを国民が監視できる体制を構築しなければならない。

○尖閣諸島占拠の可能性は

米国が台湾防衛のために軍事介入を決心すれば、日本は米国と協議して、自衛隊が米軍を支援する行動を行うことになるだろう。支援行動は、米軍の艦艇や航空機に対する補給だけにとどまらない。中国は、米国に協力しないよう、日本に対して、経済力を含む種々の手段を用いて圧力をかけてくるだろう。

日本が米国と距離を置くように仕向けるためにも、中国が尖閣諸島に上陸して占拠する可能性は低い。一方で、中国が実質的な海上封鎖・航空封鎖をかければ、尖閣諸島に日本の艦船や航空機が近寄ることはできなくなる。中国は、尖閣諸島の占拠を宣言しないかもしれないが、実質的には尖閣諸島および周辺海空域のコントロールを継続しようとするだろう。

中国は台湾武力統一についても、多くの選択肢や種々の作戦計画を有している。中国が台湾に武力行使しようとした際に、どのような状況が生起し得るのかを分析し、中国に、武力行使は成功しないと認識させるよう、平時から目標と計画を明確にして能力向上を図る必要がある。

論点
6

日米同盟はどのように強化すべきか

平和・安全保障研究所理事長
徳地秀士

POINT

日米同盟は日本の安全保障政策の柱であり続けるが、日本は、米国との向き合い方を真剣に考える時期に来ている。日本人のなかに雰囲気として存在する反米感情と、日米安保条約の非対称性は、日米同盟に独特の困難な問題を提起している。特に後者は制度的に明白であり、日米間の不均衡を象徴する課題として取り上げられることも多い。日米安保条約の非対称性をなくし相互防衛を可能とすることを憲法改正に合わせて追求するとともに、米国にとっての日本の価値を高める努力が必要である。軍事や技術などの面で日本が米国にとって重要不可欠のパートナーであると米側が確信するようにすることが重要である

1. 日米関係の起源と今日の日米同盟

日本と米国との出合いはペリー提督の来航の半世紀以上前、18世紀末にさかのぼる。オランダ東インド会社がナポレオン戦争の影響を避けるため、中立国であった米国の船を傭船して長崎貿易にあたっていたのである[1]。したがって、日米関係の歴史は既に２００年を超えている。この間、一時的に熾烈な敵対関係にあったが基本的には良好な関係が維持され、今日、日米同盟関係は、両国の軍事当局間の緊密な協力関係を基礎としつつ広範な分野にわたる強固なものとなっている。

冒頭に述べた日米の出合いは、２つの意味で日米同盟にとって示唆的である。第一はアジアに進出した欧州が日米を結びつけたという点であり、第二は米国の海洋国家としての側面が日米を結びつけたという点である。

第一の点は、冷戦が欧州からアジアに飛び火して起きた朝鮮戦争が日本の再軍備と日米安保体制をもたらすこととなったことを想起させるものであり、第二の点は、日米同盟が海洋国家同士の同盟であり、インド太平洋地域の海洋安全保障が両国にとって常に大きな課題であることと無

（1） National Park Service, U.S. Department of the Interior, Trade with Japan: A Salem Vessel Visits Nagasaki, *Pickled Fish and Salted Provisions*, 10(1): 1.

関係ではないだろう。

2世紀以上前と現代とでは日米両国を取り巻く国際環境はまったく異なるが、ロシアのウクライナ侵攻がインド太平洋地域の安全保障にも多大な影響を及ぼすとともに、中国の海洋進出が深刻な課題となっている今日、上記のような日米の出合いを認識しておくことはそれなりに意味があると考えられる。

戦争の心配のない地理的位置にあることは米国の非常な幸運であるとアレクシス・トクヴィルが述べたのは19世紀前半であるが、(2)米国にはもはやそのような幸運はない。科学技術の発展と米国の国益の広がりの故である。

また、彼は、米国大統領選挙の時期は国家の危機のときであるとも述べている。彼は、「大統領が政治の進行を左右する力はたしかに弱く、間接的ではあろうが、しかし国民全体の上に及ぶ」ことを理由に挙げたが、(3)今日では「大統領が政治の進行を左右する力」は、三権分立が機能しているとはいえはるかに大きい。

トクヴィルの見た時代にさえ大統領選挙の時期は米国の危機であったとすれば、2024年の状況は、危機という以上のものなのかもしれない。こうしたなかで日本は、米国との向き合い方を真剣に考えていかなければならない時期に来ている。

2. 日米同盟を維持・強化することの必要性と困難性

○最善の選択肢だが困難も

日米同盟は、日本の安全保障政策の柱である。それは、今日に至る日本の安全保障・防衛政策の歴史を振り返れば明らかである。吉田茂は『回想10年』のなかで「軍備の厖大化と共産国との対立激化の今日、各国とも自然に集団安全保障の方向に進んだのは当然といわねばならぬ。この意味において、独力防衛論などは笑うべき時代遅れの議論というべく」と述べている。(4) 吉田の論法は今日の状況にも当てはまる。

加藤良三もまた、「日本にとって日米同盟、日米安保は、現実的に見て最善の選択肢だと思います。完全な自主防衛が出来る国は、多分世界のどこにもありません。（中略）アメリカ以外の国で、日本が同盟を組みたい相手があるでしょうか」と述べている。(5) 加藤はさらに、「日本が有

（2）アレクシス・トクヴィル（2005）『アメリカのデモクラシー第一巻（上）』（松本礼二訳）岩波書店、277頁。
（3）同、218頁。
（4）吉田茂（1998）『回想10年（1）』中央公論社、204頁。
（5）加藤良三（2021）『日米の絆　元駐米大使加藤良三回顧録』吉田書店、375頁。

する国際的な価値の一部は、日米同盟が強固であること」と述べるとともに、[6]「アメリカと切れた日本の評価が今より高くなるとは、私には到底思えません」とも述べている。[7]「アメリカは全世界を見なければいけないから、世界のどこに対しても七割の線で切るくらいの識見(引用者注：「何とか七十点ぐらいの情報量、知識量」と別のところで述べているのとほぼ同趣旨)をもっています。それが超大国たるゆえんだと思います」という認識[8]がこうした主張を支えているのだろう。

しかし、同盟関係は常に困難な側面を有する。同盟関係を構築するということは、どの国を友好国と捉え、どの国を敵対国と考えるかという敵味方の選択の問題であり、政治的信条や価値観に大きく左右される問題であり、おそらくどの国にとっても合意のとりやすいことではないだろう。

また、同盟は、同盟国との協力関係（特に有事の際の共同作戦）を自国の防衛の手段の一つとするということであり、パートナー国の保護国や属国になるなどということではないとはいうものの、自国の安全に関わる重大な決定を他国にある程度委ねることになることは否定できないから、国の誇りを傷つけ、ナショナリズムを刺激する。[9]

○日米同盟の難点①――反米感情

こうした点に加えて、日米同盟には独特の困難な点がいくつか存在する。ここでは、次の2点を指摘しておきたい。
第一に、日本の中にある反米感情である。政府が行っている世論調査では、日本人の米国に対する親近感は常に大きいが、これについて中山俊宏は、世論調査の数字は日米関係に潜む微妙なニュアンスを取り逃がしてしまっていると指摘する。中山はそれを「雰囲気としての反米」もしくは「気分としての反米」と呼び、それが意外な広がりを見せていると指摘する。
中山によれば『『雰囲気としての反米』は、戦後日本が日米同盟を支えるロジックを十分に言語化せずにそれを密教として封印する一方で、あたかも平和を求める『思い』のみが戦後日本の平和的復興を支えてきたというフィクションがあり、両者が欺瞞的に併存している状態に潜む『捻れ』の表出である」とする。[10]
反米感情は米国衰退論と共鳴し合い、米国の有する総合力の強さに対する正しい認識を阻害する。高原明生は米中両国の政治体制、天然資源、通貨、同盟関係などを総合的に比較し、「米中

(6) 同、323頁。
(7) 同、376頁。
(8) 同、345頁。
(9) 土山實男(2010)「日米同盟における同盟のディレンマとは何か」西原正・土山實男監修『日米同盟再考 知っておきたい100の論点』亜紀書房、32頁。
(10) 中山俊宏(2010)「戦後日本と「雰囲気としての反米」」日本英語交流連盟(https://www.esuj.gr.jp/jitow/314_index_detail.php)

の将来を比較してみると断然米国の方が有利である、というのが中国専門家から見た、両国を天秤にかけたときの見通しである」と主張するが(11)、素直に同意できない人も多いだろう。

また、現行の日米安保条約は旧条約と異なり日米対等の関係になっており、占領国と被占領国の関係を引きずっているとは考えられないが、そのような関係を想起させる問題の顕在化は反米感情を煽り続ける。

在日米軍に関連する事件・事故が起きると、日米地位協定に基づく日米双方の権利・義務について、その「不平等性」がしばしば指摘される。そのような指摘が正しいか否かは別問題として、事案の日本側による解明・解決を遅らせる要因としての地位協定問題は、その一例である。また、米軍は占領下の沖縄で「銃剣とブルドーザー」と呼ばれる強制的な土地接収を行って基地建設を進め、そうした基地が今も残ることなども、その例となろう。

○日米同盟の難点②——同盟関係の非対称性

第二に、日米同盟関係の非対称性である。通常、同盟関係といえば、お互いに守り合う関係である。A国が侵略されたらB国が助け、B国が侵略されたらA国が助けるというのが、通常の一番分かりやすい同盟関係である。

例えば、北大西洋同盟は2国間同盟ではないが、北大西洋条約はその第5条で「締約国は、ヨーロッパ又は北アメリカにおける一又は二以上の締約国に対する武力攻撃を全締約国に対する攻撃とみなすことに同意する。したがって、締約国は、そのような攻撃が行われたときは、各締約国が、（中略）個別的又は集団的自衛権を行使して、（中略）その攻撃を受けた締約国を援助することに同意する」としている。米韓相互防衛条約もその第3条で「各締約国は、現在それぞれの行政的管理の下にある領域又はいずれか一方の締約国が他方の締約国の行政的管理の下に適法に置かれることになったものと今後認める領域における、いずれかの締約国に対する太平洋地域における武力攻撃が自国の平和及び安全を危うくするものであることを認め、（中略）共通の危険に対処するように行動する」と規定している。

しかし、日米同盟関係は、そのようにお互いに守り合う関係になっていない。日米安保条約では、第5条が日本に対する武力攻撃に対して米国が日本を助ける義務を規定し、第6条が米国に対する日本の基地提供義務を規定している。つまり、第5条の中で双方の義務が釣り合うのではなく、第5条と第6条で義務を釣り合わせているのである。したがって、日米安保条約上、日米は片務的な関係にはなく、非対称な関係にあるのである。

北大西洋条約、米韓相互防衛条約、日米安保条約等が締結された冷戦初期には、米国が同盟国に守ってもらうなどという事態はおよそ想定しがたかったと考えられるが、それでも、制度上お互いに守り合う関係になっていない同盟関係は、双方に批判を招きやすい。

（11）　高原明生（2019）「米中対立――覇権の行方」『安全保障研究』1（4）：1－11頁。

米国側からすれば、米国は日本を守る義務を有しているが日本は米国を守ることになっていないのは不公平だという不満につながる。実際ドナルド・トランプは、2016年の大統領選挙期間中にもそう言ったし[12]、大統領になってからもそう公言した[13]。非対称な関係は、双務的であってもその双務性を見えにくくしてしまっていることが問題なのである。

不公平だという不満を持つのは米側だけではない。日本側、特に米軍基地と隣り合わせになっている地域社会は、100年に1度あるかも分からない対日侵略の事態に備えるために、100年間毎日、米軍基地の存在がもたらす被害に耐えなければならないのかという不満を募らせる。しかも、そうした不満は、米軍基地を抱える地域とそうでない地域の間の亀裂をも生み、それが国政上の大きな課題となり、同盟関係を弱体化させるのである。

この非対称性について、加藤良三は「あんこのない饅頭」と形容する。「あんこがなくても皮が美味しくて、なかにちょっぴりでもあんこの代用品になる何かが詰まっている。そして、何とか、一流の饅頭並みの美味さがあるくらいにもっていこうと工夫に工夫を重ねてきた。これが日米安保の歴史」であると言う[14]。そして、「日本は無理な枠組みのなかで最大限努力して、最大限の成功を収めてきた」と評価しつつ、「これまでの枠組みのなかでのやりくりは厳しくなってきた」と警鐘を鳴らしている[15]。

また、源川幸夫は、日米安保条約の非対称性を「大国同士の同盟条約としてまさに致命的欠陥」と称し、日本は米国防衛の責任を負わないという「負い目、弱み」を持つから「同盟国として対等の立場で戦略的対話をして、日米でどういう戦略をとっていくかということを話しあわなければいけないのだけれども、話しあえない」、また「アメリカのいいように利用されてきている」とも主張する。[16]

以上2点の難点のうち前者は、好感度調査などの数字には現れにくい「雰囲気」に関わるものであり捉えどころのないものであるが、後者は、制度として極めて明確であり目立つものである。また、しばしば日米の不均衡を象徴する課題として取り上げられてきたという歴史もある。

（12）例えば、『ニューヨーク・タイムズ』紙のデービッド・サンガーとのインタビューの中で、「米国が攻撃されても日本は何もする必要がないことになっている。日本が攻撃されたら米国は全力で出て行かなければならない。（中略）これはかなり一方的な合意だ」と述べている（"Transcript: Donald Trump Expounds on His Foreign Policy Views," *New York Times*, March 26, 2016, https://www.nytimes.com/2016/03/27/us/politics/donald-trump-transcript.html）。

（13）例えば、フォックス・ビジネス・ネットワークとのインタビュー（Tucker Higgins, "Trump questions Japan defense pact, says if US is attacked, 'they can watch on a Sony television'," *CNBC*, Jun 26 2019, https://www.cnbc.com/2019/06/26/trump-questions-whether-postwar-defense-agreement-with-japan-is-fair.html）参照。

（14）加藤良三（２０２１）『日米の絆　元駐米大使加藤良三回顧録』吉田書店、３７４頁。

（15）同、３７５頁。

（16）源川幸夫（２０１３）「源川幸夫オーラル・ヒストリー」防衛省防衛研究所戦史研究センター編『オーラル・ヒストリー　冷戦期の防衛力整備と同盟政策②　防衛計画の大綱と日米防衛協力のための指針〈上〉』防衛省防衛研究所、５２８-５２９頁。

日米安保体制の制度的な問題点として残っている以上、この問題を放置すれば将来、より大きな問題となることが懸念される。また、既に述べた通り、トランプはこれまで何回もこの点で日本を批判してきているという経緯もある。

そこで最後に、今の米国の政治との関係で、この問題について日本として今後どうすべきかを論ずることとしたい。

3. 同盟関係の非対称性とトランプ現象への対応

○米国社会と向き合う

ドナルド・トランプのように、これまで米国が掲げてきた理念や国際協調の精神に背を向け、内向きで自己中心的な「米国第一主義」を掲げ、あらゆるものを取引の世界に持ち込もうとする人物が２０１７年から４年間政権を担っていた。そして、２０２４年11月の大統領選挙で再び勝利し、２０２５年から４年間、また米国の政権を担う。

トランプには４年後の２０２８年の再選はあり得ないから、17年からの４年間とは異なりやりたい放題になるだろうとの予測もある。そうなれば、１期目には良好な関係を何とか維持した日米同盟も大きな影響を受ける可能性がある。トランプやその支持者たちの「日米同盟は不公平」という批判は、さらに増幅されたものとなるだろう。

このことについてどう考えるべきか、現時点での見通しを述べておきたい。

まず、しばしば言われることであるが、トランプは今の米国の状況の原因ではなく結果である。トランプが米国の政治の質を低下させ、また、米国社会の分断を煽っていることは誰の目にも明らかであるが、トランプを生み出したものは、グローバル化の流れの敗者の声に耳を傾けてこなかったこれまでの米国社会そのものである。米国社会のこうした現状が続く限り、トランプの支持層は根強く残る。

久保文明は2020年に、100年後の米国政治を大胆に想像して論じたなかで、2120年に至るまで米国はトランプⅡ、Ⅲをホワイトハウスに送り込み、その都度、日米同盟は破棄され、そして、2120年の大統領選挙でトランプⅣが当選しそうだという[17]。

もちろんこれは単なる「想像」であるが、米国は掲げる理念があまりに大きいものであるから、理念とかけ離れた現状に対する幻滅も大きくなり、ここに現状維持派と改革派の対立の激化が起きるという[18]。

したがって、2024年11月の大統領選挙の結果をみるまでもなく、トランプ支持層の根強い存在が続くことを前提に考える必要がある。

---

(17) 久保文明・金成隆一(2020)『アメリカ大統領選』岩波書店、229‐236頁。

(18) 同、237‐238頁。

既に、ジョー・バイデン政権の発足当初の2021年初めの段階で、神谷万丈は、バイデン政権の「中産階級のための外交政策」について、それが『普通のアメリカ人』の狭い経済的利益の主張のうえに遂行された場合、それは実質的に米国第一主義に近い外交政策をもたらしてしまい、米国の国際的リーダーシップの復興を妨げてしまうのではないか」との懸念を表明していた[19]。

その後のバイデン政権の外交政策を振り返ると、それは懸念されたほどではなかったが、外交政策が米国民にどれだけの経済的利益をもたらすかということを依然として強調する必要には迫られている[20]。バイデン政権としても、国民のなかに根強いトランプ支持層がある以上、そこに配慮せざるを得なかったのである。

トランプ支持者たちの怒りは2021年1月に議会襲撃という形をとって顕著に現れたが、その後の経緯を振り返れば、米国の政治体制の復元力は失われていなかったと言えるだろう。2024年の大統領選挙でも、投票数でみればトランプとハリスの差は1・5%程度であり、トランプ圧勝というわけでもない。復元力が失われたわけではないだろう。したがって、日本として、過度に米国の将来について悲観的になる必要はないし、また、自分一人だけで自らの安全が確保できるなどと尊大になってもいけない。

トランプ第2期政権に対して何を「売り」にしてどう渡り合うかは政治家や外交官が考えるべきことだが、久保のいうトランプⅡ、ⅢやⅣを今後長い間次々に生み出しかねない米国社会そのものに対してどう向き合って、国際秩序の維持・強化のために行動するとともに、そのなかで日本の国益をどう確保し守っていくかを考え、そのために行動することは、日本国民の大きな課題である。

日米安保条約の非対称性をなくし相互防衛を可能とすることができれば大きな前進だし、その方向にできるだけ早く進んで「あんこのある饅頭」をつくるべきだと考えるが、それは米国が侵略されたときに米国とともに戦うという覚悟を必要とするものであり単なる条文改正で済む話ではないから、多大な努力を要する。また、そのような改正は、憲法上、日本が集団的自衛権をフルに行使できることを前提とするから、これまた大きな政治的エネルギーを要する。

---

(19) 神谷万丈（２０２１）「バイデン政権は米国を世界のリーダーに戻せるか」『安全保障研究』3（1）：53－71頁。

(20) 例えば、ＮＡＴＯ首脳会議の直前にジェイク・サリバン安全保障担当大統領補佐官が『ニューヨーク・タイムズ』紙に寄稿した論考では、同盟国のウクライナ支援に関し「米国の同盟国もまた、米国製の兵器プラットフォームや軍需品により多くの支出を行っている。こうした支出は、米議会が計上したウクライナへの追加資金の投資と合わせて、米国中の生産ラインを活性化させ、米国人を働かせるために使われている。米国は、米国と世界をより安全にする兵器を製造すると同時に、米国経済を強化している」と述べている（Jake Sullivan〈2024.7.10〉, You Can Count on a Strong NATO, *New York Times*, https://www.nytimes.com/2024/07/10/opinion/jake-sullivan-nato-russia.html)。

○米国にとっての日本の価値を高め、信頼できるパートナーを増やす

そのような制度的修正を追求するとともに、米国にとっての日本の価値を高める努力が必要である。つまり、日本は米国にとって重要不可欠のパートナーであると米側が確信することが重要なのである。その意味で日本の魅力を高めることが重要である。それは、日本に対する興味・関心を高めるとか日本に対する好感度を上げるといったことではない[21]。日本がパートナーでなくなったら米国自身が大変なことになるという認識を米国内に広めることが必要である。

安全保障面で最も重要なことは、米軍に対して極めて信頼できる安定した駐留環境を提供し続けることである。それは、米軍の日本における駐留が、米国自身のアジア太平洋地域、特に北東アジアにおける国益を守るために必要不可欠だからである。日本が米国に提供すべきものは、基地だけではなく、平時・有事における作戦行動に対する十分な支援を含む。

また、軍事基地だけでなく、米国にとって重要不可欠な技術を日本が握っていれば、それも日本の価値を高めることとなる。米国の急所を押さえていざとなったら米国に対して制裁や対抗措置がとれるようにするなどと主張するものではない。敵対国に対する経済安全保障のための措置とはまったく異なる。日本のソフトパワーを高める必要があるのである。

さらに、日本は信頼できるパートナーをもっと増やす必要がある。米国の優位の一つが多くのパートナーを有することであるのと同様、日本もパートナーを増やすことによって価値を高めることができるし、それが日本の国際社会における価値と魅力の証拠ともなる。このことは、米国

の力が衰えたから他の国に乗り換えようとかヘッジをかけるということとはまったく異なる。米国は世界の警察官ではなくなったのではなく、もともと警察官ではない。中央政府がないという意味で無政府状態の国際社会には警察官は存在しないからである。あるのは自警消防団であり、米国はそのリーダーであるにすぎない。誰がリーダーであっても、自警消防団は団員の応分の負担から成り立つのは当然である。したがって、日本としては他の団員と協力して、自らの負担を最大限に活用する必要があるし、そのことがリーダーを支えることにもなるし、団員全体の価値を高めることになる。

日本にとっての「応分の負担」を考えるうえで、同盟の非対称性は制約要因となる。より正確に言えば、日本が集団的自衛権をフルに行使できないという憲法上の制約が問題である。この点についての改革と、そのような改革がなくてもできる上記のような措置を通して、国際安全保障上の日本の価値を高めていくことが必要であると考える。

そのような作業は、実は国際社会全体との関係で必要であるが、とりわけ対米関係上重要である。日米同盟が日本の外交・安全保障政策の基軸であり続けるだろうからである。また、政府にできることは自ずと限られている。国民レベルでやっていく必要がある。そのためには、国民の

---

(21) 無論そのような努力は日本の価値を高めることに寄与するから、それはそれとして大いに重視すべきである。

間に、日本の外交・安全保障政策についてしっかりとしたコンセンサスが形成されることが不可欠である。

論点 7

日欧、諸外国との安全保障協力の充実にどう対応するか

慶應義塾大学教授　細谷雄一

POINT

近年、日欧の安全保障協力が急速に進展している。その背景には、従来の米国のリーダーシップに基づく「ハブ・アンド・スポークス」型の安全保障構造が、「格子状」構造へと変容しつつあり、日本や欧州諸国、オーストラリア、韓国などの同盟国・同志国の間の協力がより一層重要になっていることがある。ここではそのような潮流を認識しながら、日本の安全保障政策の新しい方向性について見ていくことになる。

1．ＮＡＴＯとの協力強化

２０２４年7月11日に米国のワシントンＤＣで開催されたＮＡＴＯ首脳会合において、日本の岸田文雄首相（当時）は「ＩＰ４（インド太平洋パートナー）」と称されるほかの3カ国、すなわちオーストラリア、ニュージーランド、韓国の首脳等とともに、パートナー・セッションに参加をした。これにより岸田首相は、２０２２年6月のマドリードＮＡＴＯ首脳会合以来、3年連続でのＮＡＴＯ首脳会合出席となり、日本とＮＡＴＯとの協力関係の発展を考えると画期的なことと言える。

岸田首相は、このパートナー・セッション会合で、「今日のウクライナは明日の東アジアかもしれない」と述べて、欧州・大西洋地域とインド太平洋地域の安全保障が不可分であることを強調した。[1] ＮＡＴＯのイェンス・ストルテンベルグ事務総長は、２０２３年1月の訪日の際に岸田首相との間で共同声明を発表して、そのなかで、「自由、民主主義、人権及び法の支配という共通の価値並びに戦略的利益を共有する、信頼できる必然のパートナーである日本とＮＡＴＯ間の

（1） 外務省「岸田総理大臣のＮＡＴＯ首脳会合出席」２０２４年7月11日（https://www.mofa.go.jp/mofaj/erp/ep/pageit_000001_00836.html)。

協力の深化にコミットすることを再確認した」と述べている。[2] また、「我々は、欧州大西洋とインド太平洋の安全保障は密接に関連していることを認識し、変わりゆく戦略的環境に対応していくため、日・NATO間の協力をさらに強化する必要性を強調する」とも論じている。

このような動きは、近年の日本と欧州との関係強化の大きな趨勢のなかで進展している。その背景として、国際社会全体で日本や米国、欧州における自由民主主義体制と、中国やロシアなどの権威主義体制との間の対立がより明確となっていることが指摘できる。かつてのような楽観的なグローバル化と、民主化の拡大への期待は大きく後退し、その代わりに価値を共有する諸国との連携の重要性が増している。そのことはまた、日本の安全保障政策においても顕著に見られるようになってきた。

2. 日・NATO協力の発展の軌跡

それでは、これまで日本とNATOとの間でどのように協力関係が発展してきたのだろうか。[3] そもそも近年に至るまで、日本の安全保障政策において欧州諸国との関係が重視されてきたわけではない。それは近年の新しい動向である。例えば、2005年の「防衛大綱」においては、「我が国の安全保障の基本方針」として、「我が国自身の努力」と「日米安全保障協力」、そして「国際社会との協力」の3つの柱が存在しているが、英国やフランスなどの欧州諸国やオーストラリアなどとの安全保障協力や連携は重視されていなかった。[4] 日本が、同盟国である米国との協力関係を中核にそれまで安全保障政策を発展させることは、自明視されていた。

そのようなそれまでの方針に新しい動きが見られたのが、２００６年9月に成立した安倍晋三政権であった。安倍政権においてはまず、２００７年1月12日に、日本の首相として初めてブリュッセルで行われた北大西洋理事会で演説を行った。そこで、日・ＮＡＴＯ関係は新たな段階に移行すべきとしてアフガニスタンをはじめとする平和と安定のための取り組みにおいて協力関係を一層強めることを求め、各国常駐代表の支持と賛同を得た。[5]

だが、日本がＮＡＴＯとの協力関係を発展させるためには、集団的自衛権の行使容認が必要となっていた。それゆえ安倍政権は、２００７年5月に首相の私的諮問機関として「安全保障の法的基盤の再構築に関する懇談会」の第1回会合を開催したが、同年9月に安倍首相が首相を辞任したことで、その議論は第二次安倍政権まで棚上げとなった。

（2）外務省「日・ＮＡＴＯ共同声明（イェンス・ストルテンベルグＮＡＴＯ事務総長と岸田文雄日本国総理大臣の会談の機会に公表）」２０２３年1月31日(https://www.mofa.go.jp/mofaj/erp/ep/page6_000806.html)。

（3）その経緯については、鶴岡路人（２０２４）『摸索するＮＡＴＯ——米欧同盟の実像』千倉書房、２３２－２３４頁。

（4）閣議決定「平成17年度以降に係る防衛計画の大綱について」２００５年12月10日（https://warp.da.ndl.go.jp/info:ndljp/pid/11591426/www.mod.go.jp/j/approach/agenda/guideline/2005/taikou.html）。

（5）外務省（２００７）『外交青書２００７』81頁。

その後、２０１０年12月17日に発表された「防衛大綱」においては、「国際社会における多層的な安全保障協力」として、「アジア太平洋地域における協力」や「国際社会の一員としての協力」が明記され、後者においては「グローバルな安全保障課題への取組に関し、欧州連合（ＥＵ）、北大西洋条約機構（ＮＡＴＯ）や欧州諸国とも協力関係の強化を図る」ことが明確に記された。初めて防衛大綱でＥＵやＮＡＴＯとの協力が明記され、同盟国である米国以外の価値を共有する諸国との協力が重視されるようになる。(6)

また、初めてとなる２０１３年の「国家安全保障戦略」のなかでも、欧州との安全保障協力の重要性が強調され、「欧州は、国際世論形成力、主要な国際的枠組みにおける規範形成力、そして大きな経済規模を擁しており、英国、フランス、ドイツ、イタリア、スペイン、ポーランドを始めとする欧州諸国は、我が国と自由、民主主義、基本的人権の尊重、法の支配といった普遍的価値や市場経済等の原則を共有し、国際社会の平和と安定及び繁栄に向けて共に主導的な役割を果たすパートナーである。国際社会のパワーバランスが変化している中で、普遍的価値やルールに基づく国際秩序を構築し、グローバルな諸課題に効果的に対処し、平和で繁栄する国際社会を構築するための我が国の政策を実現していくために、ＥＵ、ＮＡＴＯ、ＯＳＣＥとの協力を含め、欧州との関係を更に強化していく」と記されている。(7)

3.「統合抑止」と「格子状」の構造へ

ＮＡＴＯとの協力関係を強化する動きは、２０２２年の新しい「国家安全保障戦略」において、さらに明確化された。すなわち、「同盟国・同志国間のネットワークを重層的に構築するとともに、それを拡大し、抑止力を強化していく。そのために、日米韓、日米豪等の枠組みを活用しつつ、オーストラリア、インド、韓国、欧州諸国、東南アジア諸国連合（ＡＳＥＡＮ）諸国、カナダ、北大西洋条約機構（ＮＡＴＯ）、欧州連合（ＥＵ）等との安全保障上の協力を強化する」と書かれ、ＮＡＴＯ以外にも幅広く、「同盟国・同志国間のネットワーク」を構築する重要性が論じられている。[8]

これは、国際安全保障の構造の大きな変化ともつながっている。すなわち、第2次世界大戦後

（6） 閣議決定「平成23年以降に係る防衛計画の大綱について」２０１０年12月17日（https://www.kantei.go.jp/jp/kakugikettei/2010/1217boueitaikou.pdf）。

（7） 国家安全保障会議「国家安全保障戦略」２０１３年12月17日（https://www.cas.go.jp/jp/siryou/131217anzenhoshou/nss-j.pdf）。

（8） 国家安全保障会議「国家安全保障戦略２０２２」２０２２年12月16日（https://www.cas.go.jp/jp/siryou/221216anzenhoshou/national_security_strategy_2022_pamphlet-ja.pdf）。

の国際安全保障の構造は、西側諸国においては、米国を中心とした、いわゆる「ハブ・アンド・スポークス」と呼ばれる安全保障枠組みによって担保されてきた。ところが近年は、米国国内では、米国一国が過剰な安全保障上の責任を負うことへの不満や、「米国第一主義(米国ファースト)」と呼ばれる自国優先の思考が強まることからも、米国のリーダーシップが大きく後退している。

それとともに、ラーム・エマニュエル米駐日大使が「格子状(lattice-like)」構造と呼ぶような、「スポークス」同士の協力もまた強化して、複数のミニラテラリズムの協力を組み合わせる必要性が強調される。[9] その一環として、日豪安全保障協力や、日英安全保障協力、日・NATO協力などが進展してきた。

これは、「統合抑止(integrated deterrence)」と呼ばれる米国の新しい戦略的アプローチに符合する動きでもある。マラ・カーリン米国防次官補の説明によれば、「統合抑止は、2つの方向性を考慮することができる。すなわち、政府のすべての省庁の間、さらには、すべての同盟国とパートナー諸国との間で、計画、調整、運用を統合することである」。[10]

バイデン政権の米国は、同盟国やパートナー諸国との連携を強化するとともに、「統合抑止」として米国単独ではなく、それらの諸国との連携のなかで総合的な抑止力を強化する方向性を示してきた。それゆえ、日米同盟、さらには大西洋同盟は着実に強化され、抑止力が強められ、それによってロシアや脅威が示す安全保障上の脅威や挑戦に対応するつもりであった。それはまた、米国がもはや「世界の警察官」であることをやめ、欧州や中東などで安全保障上の関与を縮小してきた帰結とも言える。

ジョー・バイデン政権の米国は、それまでの米国の圧倒的なパワーを背景とした「プライマシー（圧倒的な優位）」を維持する戦略を大きく転換し、同盟国や同志国との関係を強化することで、それらの諸国の抑止力を向上させることで総合的に「抑止力」を強化する動きを示してきた。

米国外交を専門とする森聡慶應義塾大学教授の説明によれば、それまでの「圧倒的な優位の下でルール違反国を『制裁』するのが、プライマシー時代の米国であった」とすれば、「『ポスト・プライマシー』時代の米国が直接武力介入して防衛するのは、米国の平和と繁栄にとって死活的に重要だと米国の政策エリートと一般人の多くが考える国」のみとなる。[11]

それゆえ、そのような「ポスト・プライマシー」時代の米国との安全保障協力を考えていく場合に、日欧双方において「戦略的自立」への志向性が見られるとともに、そのような日欧間での

（9） Rahm Emanuel, A New Era of U.S.-Japan Relations, *Wall Street Journal*, April 3, 2024 (https://www.wsj.com/articles/a-new-era-of-u-s-japan-relations-defense-asia-ebd4813a)

（10） David Vergun (2022) Official Says Integrated Deterrence Key to National Defense Strategy, December 6, U.S. Department of Defense DOD News (https://www.defense.gov/News/News-Stories/Article/Article/3237769/official-says-integrated-deterrence-key-to-national-defense-strategy/)

（11） 森聡（２０２２）「ウクライナと『ポスト・プライマシー』時代の米国による現状防衛」池内恵・宇山智彦・川島真・小泉悠・鈴木一人・鶴岡路人・森聡『ウクライナ戦争と世界のゆくえ』東京大学出版会参照。

協力の強化が模索されている。鶴岡路人慶應義塾大学准教授によれば、それゆえ、「日本とNATOは従来の実務的協力を越えて、抑止の強化のための協力を見据えることが求められている」と論じている。(12)

4. 「同志国」などとの連携

日本政府もまたそのような米国の近年の動向に呼応して、同盟国である米国との関係の強化のみならず、それ以外の同志国などとの連携の強化に動いている。日米同盟が日本の安全保障政策における基軸であり、礎石であることに変化はないが、それだけでは日本の安全保障政策は十分に理解できない。近年の、日本の安全保障協力の拡大と深化もまた理解することが重要だ。『2024年版 防衛白書』では、第Ⅲ部の第3章が「同志国などとの連携」となっており、詳しくそれについての説明が書かれている。そこでは、「安全保障・防衛分野における国際協力の必要性がかつてなく高まる中、防衛省・自衛隊としても、わが国の安全及び地域の平和と安定、さらには国際社会全体の平和と安定及び繁栄の確保に積極的に寄与していく必要がある」と書かれており、また「同盟国・同志国などと連携し、力による一方的な現状変更を許容しない安全保障環境を創出していくことは、防衛戦略における第一の防衛目標である」とその意義が説明されている。(13)そしてそのための重要な枠組みとして、第二次安倍政権以降、日本政府が推進をしてきた「自由で開かれたインド太平洋」構想が触れられている。

（『2024年版 防衛白書』「第Ⅲ部 第3章 同志国などとの連携」から）

グローバルなパワーバランスの変化が加速化・複雑化し、政治・経済・軍事などにわたる国家間の競争が顕在化する中で、インド太平洋地域の平和と安定は、わが国の安全保障に密接に関連するのみならず、国際社会においてもその重要性が増大してきている。

こうした中、防衛省・自衛隊としては、各国間の信頼を醸成しつつ、地域共通の安全保障上の課題に対して各国が協調して取り組むことができるよう、国際情勢、地域の特性、相手国の実情や安全保障上の課題を見据えながら、多角的・多層的な防衛協力・交流を戦略的に推進していく考えである。

また、力による一方的な現状変更やその試みを抑止し、事態発生時には、同志国の支援を受けられるよう、平素から一層連携していくことが必要である。

防衛協力・交流の形態として、ハイレベルなどの対話や交流、共同訓練・演習のほか、他国の安全保障・防衛分野における人材育成や技術支援などを行う能力構築支援、自国の安全

(12) 鶴岡路人（2024）「日本と欧州、NATOで抑止を強化する」ニッポンドットコム、9月5日（https://www.nippon.com/ja/in-depth/d01034/）。
(13) 防衛省（2024）『2024年版 防衛白書』360－361頁。

保障や平和貢献・国際協力の推進などのために行う防衛装備・技術協力などがある。
これまで防衛省・自衛隊は、二国間の対話や交流を通じて、いわば顔が見える関係を構築することにより、対立感や警戒感を緩和し、協調的・協力的な雰囲気を醸成する努力を行ってきた。これに加え、共同訓練・演習や能力構築支援、防衛装備・技術協力、さらにACSAなどの制度的な枠組みの整備など、多様な手段を適切に組み合わせ、二国間の防衛関係を従来の交流から協力へと段階的に向上させている。

また、具体的な各国との防衛協力・交流の推進としては、オーストラリア、インド、欧州諸国、韓国、カナダおよびニュージーランド、北欧・バルト諸国、中東欧諸国、東南アジア諸国、モンゴル、アジア諸国、太平洋島嶼国、中東諸国、ジブチ、中南米諸国、中国、そしてロシアが挙げられている。

ただし、最後のロシアについては、「2022年2月に発生したロシアによるウクライナ侵略について、政府は、明らかにウクライナの主権及び領土一体性を侵害し、武力の行使を禁ずる国際法と国連憲章の深刻な違反であり、決して認められない行為であるとともに、このような力による一方的な現状変更は、国際秩序の根幹を揺るがすものであるとして、ロシアを最も強い言葉で非難している」と論じ、他国や他の組織との防衛協力・交流とは一線を画した表現をしている。(14)

このように日本政府としても、近年は同盟国としての米国以外の同志国などとの安全保障協力もまた、積極的に発展させている。ロシアや中国の脅威に対して、日本単独で対応できる防衛能力には限度がある。確かに、岸田文雄首相は、２０２２年11月28日に、防衛費を２０２７年度に国内総生産（ＧＤＰ）比で２％に増額するよう閣僚に指示をしており、これまでの防衛政策を考えると大きな転換であるとも言える。これは、ロシアによるウクライナ侵攻以降、ＮＡＴＯ加盟国が相次いで、それまでの目標値であった国防費の２％への増額と連動する動きとも言える。

また、それまで日本の安全保障協力を推進するうえでの支障となっていたセキュリティクリアランス（ＳＣ）の強化についても、近年では経済安全保障分野や重要技術分野での協力が重要になってきたことを受けて、２０２４年５月10日に参議院本会議で機密資格法が可決したことにより、同法が成立した(15)。

Ｇ７諸国のなかで、唯一日本のみが同種の法律が存在しなかったため、これまで安全保障協力を推進するうえでの一定の制約となっていた。あくまでも日本の機密資格法は経済安全保障上の機密情報を対象とするものであるが、現在進めている日英伊の次期戦闘機共同開発のような民間の重要技術が関わる分野において、今後より一層同盟国や同志国などとの協力が進んでいくこと

(14) 同、389頁。
(15)『日本経済新聞』２０２４年５月10日付朝刊（https://www.nikkei.com/article/DGXZQOUA071Q90X00C24A5000000/）

であろう。

5. 日欧協力の前進

そのようななかでも、本章の冒頭で記述したようにヨーロッパとの協力が近年、大きな成果を生んでいる。

NATOとの協力においては、2014年に「日・NATO国別パートナーシップ協力計画（CPCP）」に署名し、その後改定を続けた[16]。また、2018年には在ベルギー日本大使館が兼担するかたちでNATO日本政府代表部が開設され、今後独自の代表部として活動する見通しである。2022年以降は、サイバー防衛の領域でもNATOとの協力を強化しており、エストニアのタリンに所在するNATOサイバー防衛協力センター（CCDCOE）との間で正式に、活動に参加する手続きを行った[17]。

また、自衛隊トップの吉田圭秀統合幕僚長が、2022年5月にNATO本部を訪問し、統幕長として初めてNATO軍事委員会が開催するNATO参謀長会議「アジア太平洋セッション」に「アジア太平洋パートナー」として参加して、相互の理解を深めた[18]。

国別では、日英安全保障協力が大きく前進している。既に触れたように、2022年12月には日英伊による次期戦闘機開発に関する共同声明が発表された。また、2023年1月には、岸田首相の訪英時にリシ・スナク英首相と首脳会談を行い、日英円滑化協定に署名した。[19]これによって、日本と英国との間の実際の部隊間の協力が手続き的にも大幅に円滑化される。それらを含む包括的な日英協力に関する合意として、2023年5月のG7広島サミットの際に訪日したスナク首相と岸田首相との間で「日英広島アコード」が締結されて、より緊密なパートナーシップへと発展する。[20]

このようにして、日・NATO安全保障協力や、日英安全保障協力が大きく前進するなかで、日本の安全保障政策の変化も見られる。日本の安全保障政策の基軸としての日米同盟の重要性は今後も同様であろうが、それだけでは十分ではなく、より幅広く、より充実した安全保障協力を同志国などと強化していくことが重要となっているのだ。

---

(16)『2024年版 防衛白書』373頁。
(17)同。
(18)同、374頁。
(19)同、369頁。
(20)同。

【参考文献】

・池内恵・宇山智彦・川島真・小泉悠・鈴木一人・鶴岡路人・森聡（2022）『ウクライナ戦争と世界のゆくえ』東京大学出版会
・臼井陽一郎・中村英俊編（2023）『EUの世界戦略と「リベラル国際秩序」のゆくえ――ブレグジット、ウクライナ戦争の衝撃』明石書店
・鶴岡路人（2024）『模索するNATO――米欧同盟の実像』千倉書房
・広瀬佳一・小久保康之編（2023）『現代ヨーロッパの国際政治――冷戦後の軌跡と新たな挑戦』法律文化社
・細谷雄一編（2024）『ウクライナ戦争とヨーロッパ』東京大学出版会

論点
8

平時や有事でのエネルギー資源・食料の調達をどうするか

京都大学教授　関山健

POINT

エネルギー資源や食料の大部分を輸入に依存する日本にとって、平時には安定的な貿易体制の確保、有事に備えては輸入相手の多様化、一定程度の備蓄、自給体制の構築などの対策が必要となる。また、日本は輸入のほとんどを海上輸送に頼るため、シーレーンの安全確保は生命線だ。こうしたエネルギーおよび食料の安全保障を確保するには、関係諸国との協力とともに、国内経済社会の在り方に関する国民的な議論が欠かせない。

1．はじめに

2022年2月に発生したロシアのウクライナ侵攻は、世界のエネルギーや食料の安定供給に大混乱をもたらした。地理的には遠く離れた日本にも大きな影響が出たことで、エネルギー安全保障や食料安全保障の重要性をあらためて認識する契機となった。

エネルギーや食料の安定供給には、もちろん各々に特有の課題や背景があることは言うまでもない。ただし、本書の論点16（経済安全保障）で述べる通り、石油や天然ガスのようなエネルギー資源にせよ、小麦のような食料にせよ、半導体のような工業製品にせよ、その供給途絶や他国依存は国家・国民の生存、主権の独立、経済的繁栄を脅かしかねないという共通点がある。

エネルギー資源や食料など重要物資の不足や供給途絶は、たとえ自国が紛争などに巻き込まれていなくても、供給国での自然災害や国際情勢の不安定化などによって生じることがある。そのため、輸入相手の多様化や一定程度の備蓄などが欠かせない。

また、自国が外交的対立や紛争に巻き込まれる場合には、供給国の政治的意図に基づく貿易制限によって重要物資の確保がままならなくなることもあろう。その防御策として、重要物資については他国へ過度に依存しない戦略的自律性を確保することも肝要である。さらに、エネルギー資源や食料を含む重要物資の大部分を海上輸送の輸入に依存する島国・日本としては、そのシーレーン（海上輸送路）の安全確保は生命線である。

そこで本章では、こうした観点から、日本のエネルギーおよび食料の安全保障について考察する。

2．日本のエネルギー安全保障

○定義と脅威

エネルギー安全保障について、国際エネルギー機関（ＩＥＡ）は「受容可能な価格でエネルギー源を途切れることなく利用できること」と定義している（IEA, 2024）。ＩＥＡは安定的なエネルギー供給を目的に第１次オイルショック後の１９７４年に設立された機関であり、そのエネルギー安全保障の定義は国際社会全体の安定を主眼に置いている。

しかし、エネルギー安全保障の意味するところは、消費国、生産国、あるいは輸送ルートにある国々など、それぞれが置かれた立場や状況によって異なる。エネルギー自給率が11％にとどまる日本と、１７９％のカナダ、１０６％の米国、75％の英国とでは、エネルギーの安定供給に必要な条件や措置は自ずと大きく異なると言わざるを得ない（経済産業省、２０２２）。

この点、『２０１０年版　エネルギー白書』（経済産業省、２０１０）は、日本にとってのエネルギー安全保障を「国民生活、経済・社会活動、国防等に必要な『量』のエネルギーを、受容可能な『価格』で確保できること」とした。エネルギーの自給率が低く、その多くを輸入に依存する日本としては、十分な量の確保も保証されてはおらず、平時であっても不断の努力によってエネルギーの確保に努めねばならない立場にあるということだ。

今後10年、20年先を考えると、日本では人口減少や節電・省エネ等の進展により家庭部門のエネルギー需要は減少しそうだ。しかし、産業部門では、データセンターや半導体工場等の新増設などによってエネルギー需要の大幅増加が予測される。

日本は、石油、石炭、天然ガスをほぼ自給していない。その十分な量を受容可能な価格で輸入できなくなれば、それを燃料・原料としている電気、ガス、ガソリン等の価格上昇を通じて、あらゆる財やサービスの価格も上がり、国民生活や経済・社会活動に支障をきたすことになる。

では日本は、いかにして必要な量のエネルギーを受容可能な価格で確保するのか。ここでは、冒頭で提示した経済安全保障に共通の観点から整理してみよう。

○輸入相手の多様化

まずは、一つの供給国で不測の事態があっても困らぬよう、輸入相手の多様化が重要だ。実際、日本でもエネルギー源とその輸入相手の多様化は昔に比べて進んでいる。『2024年版 エネルギー白書』（経済産業省、2024a）によれば、1次エネルギーに占める石油の割合は1973年度の75・5％から2022年度には36・1％へと大幅に低下しており、特に電源構成に石油が占める割合は8・2％しかない。むしろ1次エネルギーとしては石炭が25・8％、天然ガスが21・5％を占める。その主たる輸入相手は、豪州（石炭の66・0％、天然ガスの42・9％）のほか、インドネシア、マレーシア、米国、カナダなど複数の国・地域にまたがる。

しかし、原油の輸入先について言えば、中東依存度が95・2％（2022年度）に達する。その多様化は日本のエネルギー安全保障にとって長年の課題であるが、その代替となる選択肢は決して多くない。

中東以外に日本にとって身近な原油輸入の代替先はインドネシアなど東南アジアの産油国だ。しかし、これらの国では経済発展に伴い石油需要が増加しており、同地域からの原油輸入量は近年大きく減少している。

シェールオイルのおかげで今や世界最大の産油国となった米国が、2015年から石油輸出を解禁したことは日本にとって頼もしいことである。ただし、原油品質のミスマッチ（日本の製油所が多く利用している中東産原油と性状が異なる）という課題があり、日本の原油輸入先として必ずしも有望ではない側面もある（久谷、2019）。

ロシアはウクライナ侵攻前には日本の原油輸入の約1割を占めた。東シベリアや極東地域には未開発の資源も残されていることから、ロシアからの輸入を増やすポテンシャルはあろう（同前）。ロシアとしても、主要輸出先だった欧州市場は脱炭素による化石燃料需要の減少やロシア依存回避の流れであるから、アジア市場の重要性は高い。日本にとっては輸送のコストと時間という点でメリットもある。ただし、米欧と中露との分断という国際情勢においてロシアへの依存を高めることが、エネルギーを含む日本の安全保障に資するかは、慎重に検討が必要である。

○備蓄

エネルギー資源の一時的な供給途絶に備えるために、一定の備蓄は有用である。現状、石油と石油ガス（LPG）については法律で備蓄が義務づけられている。2024年5月末時点で、石油は国家備蓄142日分、民間備蓄89日分、産油国共同備蓄8日分の合計239日分ある。LPGも、国家備蓄が53・1日分、民間備蓄が58・6日分、合計約110日分が備蓄されている（資源エネルギー庁、2024a、b）。

一方、天然ガスについては、その揮発性のために長期保管が難しく、備蓄義務が課されていない。2024年3月末のLNG在庫量は395万トンで、過去10年の在庫量は300万トンから600万トンの間で推移している（JOGMEC、2024）。2022年度のLNG輸入量は7055万トンであったから、在庫は約15～30日分の輸入量に相当する。

石炭も備蓄義務がなく、日本国内の在庫は約30日分ほどである（資源エネルギー庁、2018）。なお、原子力発電のウラン燃料にも備蓄義務はないが、原子炉に入れると1年以上は燃料を取り替えずに発電が可能であることから、一定の備蓄効果がある。

万一に備えて何日分の備蓄を持つべきか答えるのは難しいが、石油についてはIEAが加盟国に90日以上の備蓄を義務づけている。これに鑑みると、石油以外のエネルギー資源やその代替分も含めて、90日分以上の1次エネルギーを賄い得るよう備えておくのが望ましかろう。

○過度な他国依存の低減

ただし、エネルギーの大半を海外に頼り続ける現在のエネルギー供給構造が続く限り、国際価格の高騰や為替変動のリスクに振り回される。さらに有事の際には、必要な量の確保すらままならない事態も想像される。そうした状況を克服するには、国産エネルギーを抜本的に増やすしかない。

この点、太陽光、風力、水力、地熱などの再生可能エネルギーは、輸入不要なエネルギー資源である。気候変動対策のためのみならず、エネルギー安全保障の確保のためにも、再生可能エネルギーの普及が望まれる。『2024年版　エネルギー白書』でも、エネルギー安全保障の文脈で再生可能エネルギーのさらなる導入拡大の重要性が語られている。

ただし、今後大幅な導入が見込まれる太陽光や風力は、天候などに左右され不安定であることが大きな懸念だ。実際、これらの発電施設稼働率（2022年）は、太陽光（事業用地上設置）が約16%、風力が約28%と低い水準にある（経済産業省、2024b）。このように不安定な電源が増加すると、電力使用量と供給量のバランスが崩れて電圧や周波数が乱れ、時に使用機器への悪影響や停電が起きる。

これら不安定な再生可能エネルギーを発電に有効活用するには、蓄電によって電力需給を常にバランスさせるのがよい。しかし、少なくとも現在の技術では、電力を安価かつ大量に蓄電するのは難しい。そのため、差し当たっては、再生可能エネルギー発電の不足時を補う安定的なバックアップ電源が必要となる。

燃料の備蓄効果がある安定的なバックアップ電源として、安全性を確認しつつ原子力発電所を稼働させていくことも選択肢となろう。もちろん原子力発電所の稼働には、地元の不安を払拭して同意を得ることが欠かせない。福島第1原発事故後は、原子力規制委員会の下、テロ対策や火山噴火その他想定外の重大事故への備えも含めて安全基準が強化されている。資源小国の日本がエネルギー安全保障を考えるならば、原子力も当面避けては通れない。

3. 日本の食料安全保障

○定義と脅威

農政の基本方針を定める食料・農業・農村基本法が2024年5月に改正された。改正の大きな柱の一つが「食料安全保障の強化」である。日本にとっての食料安全保障は「良質な食料が合理的な価格で安定的に供給され、かつ、国民一人一人がこれを入手できる状態」（第2条）と同法で定義された。

一方、国際社会では、1996年の世界食糧サミットで示された「すべての人々が、活動的で健康的な生活を送るために必要な食事と食の好みに応じた十分な量の安全で栄養価の高い食料を、いつでも物理的・経済的に入手できること」との定義が一般的である（FAO, 2006）。食料確保の手段は、自国内での生産か、輸入か、あるいは海外からの援助かを問わない。この状態の達成が危ぶまれるのは、多くの場合、食料確保が困難で栄養不良の人口が多い途上国などである。

国際社会の定義で見れば、現在の日本社会は食料安全保障が十分確保されている。英国Economist Impact（2022）が「手頃な価格」「入手可能性」「品質と安全性」「持続可能性と適応」の4つの基準で世界113カ国を評価した世界食料安全保障指数（GFSI）で、日本は6位に位置づけられる。

日本は食料自給率が38％と低いが、これは日本人が世界中から多様な食材を輸入して豊かな食事を享受している結果である。いわば消費者に選ばれた国産品の割合が38％ということだ（本間、2024）。したがって、無理に食料自給率を高めようとすれば、消費者の「食の好み」を犠牲にするか、無用な負担増を国民に強いることになる。

日本のような先進国では、平時と有事の食料安全保障を分けて考える必要があろう。平時においては、良質な食料の国内生産とともに、世界から多様な食材を合理的な価格で安定的に入手できる環境を守ることが必要である。

一方、国内外からの食料入手が何らかの理由で滞るような有事に備えて、平時とは異なる食料供給体制を準備しておかねばなるまい。一定程度の備蓄はもちろん、有事にも食料を自給できる体制が必要になる。

以下では、冒頭で提示した経済安全保障に共通の観点に沿って、安定的な輸入の確保、備蓄、自給能力の維持に焦点を当てて、平時と有事の食料安全保障の課題を整理する。

○安定的な輸入の確保——平時の食料安全保障

政府の公式文書に食料安全保障が初めて登場したのは、1980年の農政審議会答申とされる(坪田、2022)。以来現在に至るまで半世紀、冷戦崩壊、湾岸戦争、アジア通貨危機、イラク戦争、リーマン・ショック、アラブの春、ロシアによるジョージア、クリミア、ウクライナ侵攻など、世界的混乱は幾度とあった。しかし幸いにも、国民生活を脅かすような食料危機は日本に起きていない。

バイオ燃料需要の増加、国際商品価格の急騰、さらにはリーマン・ショックが重なった2008年ごろには、穀物価格が短期のうちに3倍程度に高騰した。しかし、このときも日本では、食料品の消費者物価指数の上昇は2・6%にとどまった。日本の消費者が飲食料品に支払う金額の大半は加工・流通・外食への支出である。輸入農水産物に払う金額はその数%を占めるにすぎず、そのさらに一部の輸入穀物の価格が3倍に跳ね上がっても、物価への影響はほとんどないのだ(山下、2023)。

このように世界から多様な食材を合理的な価格で必要な量が入手できる環境を今後も維持するためには、世界の食料生産と食料貿易が安定的に機能していることが不可欠である。肥料や飼料など、多くの生産資材も輸入に依存している。

食料貿易の安定には、自由貿易体制の維持が欠かせない。世界貿易機関（WTO）が機能不全に陥って久しいが、日本はWTOをはじめとした国際機関や貿易交渉で自由貿易の維持に努める必要がある。

主要な食料輸入相手国と緊密で友好的な経済関係を維持することも重要だ。現状、日本にとって主たる農林水産物の輸入相手（2022年）は、米国（全体の18・2％）、中国（同12・3％）、豪州（同6・1％）、カナダ（同6・0％）、タイ（同5・5％）であり、これら5カ国だけで輸入全体の約半分を占めている（農林水産省、2023）。潜在的な敵対国による意図的な輸出制限や自然災害による不作不漁のリスクを減少するには、できる限り輸入相手を分散することが望ましい。

世界の食料生産を考えると、今後5年から10年というスパンでは、そこまで大きな変化はないだろう。米国やカナダなどの日本の穀物輸入先は、国内需要の200％から300％の穀物生産を行っており、食料輸出が途絶えることは考えにくい。

問題は20〜30年後の中長期である。日本人にとって合理的な価格で必要な量の食料を世界から輸入するには、日本（日本人）が十分な経済力を有することが大事な前提である。しかし、日本の経済力は今後20〜30年にわたって相対的に低下する可能性がある。そうなると、経済力低下の結果としての円安傾向や国内の貧困家庭増加といった問題とも相まって、日本人にとって合理的な価格で必要な量の食料を世界から輸入することは難しくなっていくかもしれない（稲垣、2024）。

今後も安定的に食料を生産するには、気候変動への適応も欠かせない。気候変動政府間パネル（ＩＰＣＣ）の第6次報告書によると、農作物の単収（面積当たりの収穫量）は、今後10年あたりでトウモロコシが2・3％、大豆が3・3％、コメ0・7％、小麦で1・3％、それぞれ減少する可能性がある。ただし、気候変動によって10年当たりで単収が1〜3％減少するにせよ、近年の技術改良は年に1〜2％の単収増加を実現している。品種や技術の改良によって世界の食料生産が気候変動に対応できる可能性は十分ある（OECD, 2023）。

しかし、気候変動によって干ばつなどの気象災害が激甚化・頻発化すると、世界各地で食料生産が不安定化し、国際的な食料価格が頻繁に高騰するようになる可能性もある。その状況下で、もし日本の経済力が低下していると、深刻な状況になりかねない。

○備蓄と食料自給能力の維持――有事に備えた食料安全保障

現在、日本では、政府備蓄米が100万トン程度ある。近年、日本国内の需要は年間800万トン程度であるから、約1・5カ月分の備蓄である。そのほか、食糧用小麦は需要の2・3カ月程度、飼料穀物（とうもろこし等）は100万トン程度が備蓄されている（農林水産省、2024a）。もしも食料輸入が途絶えても、1~2カ月ほどは持ちこたえる備蓄と言えよう。

基本法の改正に合わせて2024年に成立した食料供給困難事態対策法によって政府は、世界的不作や有事でコメや小麦などの食料確保が著しく困難となる場合、生産者に増産を指示できるようになった。従わない場合、氏名公表や罰金などが課される。

しかし、農産物は有事になったからといって急に栽培を増やせない。農作物を増産するには、そのための農地、農業資材、農業従事者が必要だ。有事に備える食料安全保障として、そうした農業生産力の維持・確保が欠かせない。

ところが、農業従事者の減少と高齢化は著しい。2000年に240万人いた基幹的農業従事者（普段仕事として主に自営農業に従事している者）は、23年に116万人まで減少した。しかも、65歳以上が70％以上を占める（農林水産省、2024b）。

こうした農業従事者の減少と高齢化は、農地の荒廃にもつながっている。2022年で約430万ヘクタールある耕地面積の利用率は91％で、1割近い農地が利用されていない（農林水産省、2024c）。農地は、一度耕作が放棄され荒廃してしまうと、農作物を栽培できる状態に戻すのに約5年かかるという。日本農業の生産力確保のためには、農地の維持保全は優先すべき課題だ。

農業従事者や農地が減っても生産性の上昇で補えればよいが、日本では農業の労働生産性も2

010年以降マイナス1・1％と低下傾向にある。過去20年間、日本では米も小麦も単収は伸びておらず、大豆にいたっては減少傾向にすらある。この間、米国は米や大豆、ブラジルは大豆、中国は小麦の単収を増加させてきた。

こうした違いを生む要因として、農業の企業的経営がなされている諸外国と比べて日本では、利益を上げるための生産性向上意欲やコスト意識が低いのではないかと指摘されている（農林水産省、2022）。新たな農業従事者を増やし、先端技術や新品種など生産性を高める投資を呼び込むには、株式会社を含め意欲と資本力のある主体にもっと農業経営に参画してもらわねばなるまい。

農業経営の改善には、稲作抑制や土地所有規制などの緩和が必要だろう。例えば、稲作抑制をやめてカリフォルニア米と同程度の単収の品種を全水田に作付けすれば年間約1700万トンの米を生産できるという（山下、2023）。戦時中の食料難に政府から配給された米は成人男子1人当たり1日2合2勺（330グラム）が基本だった。これを1億2000万人の人口に配布しても約1500万トンで収まる。また、現在は海外から大量に輸入している小麦や大豆の国産比率を高めていくことも重要だ。水田の転用や北海道での増産などが考えられる。米の単収を高め、小麦や大豆を国内で増産していけば、有事にも国民が飢えをしのぐことができる。

4．有事のシーレーン防衛

○最大の懸念は台湾有事

ここまで見てきた通り日本は、エネルギー資源や食料の大部分を輸入に依存している。そのため、それら物資を日本に届けるシーレーン（海上輸送路）の安全確保は生命線である。中東、アフリカ、欧州、ＡＳＥＡＮなどから日本に輸入される物資のほとんどは、インド洋、マラッカ海峡、南シナ海、バシー海峡をつなぐ東西のシーレーンを通る船舶によって運ばれる。ＡＳＥＡＮや豪州と日本の間には、太平洋を抜ける南北のルートもある。

これらシーレーン上で戦争や海賊・テロなどが起きると、船舶の安全な航行が阻害され、予定通りに物資が日本に届かなくなる（図８－１参照）。

日本のシーレーンにとって最大の懸念は、中国が台湾に武力行使する事態である。有事となれば、中国軍が台湾を孤立化させるために台湾周辺海域を一斉封鎖する可能性がある。実際、２０２２年８月、米国のナンシー・ペロシ下院議長の台湾訪問に抗議する形で中国は、台湾を取り囲んで軍事演習を行い、台湾東側の太平洋にまでミサイルを撃ち込んだ。この演習で明らかになった通り、台湾有事が起きれば、中国と台湾の間の台湾海峡だけでなく、台湾とフィリピンの間の

図8-1　日本に至る主なシーレーン

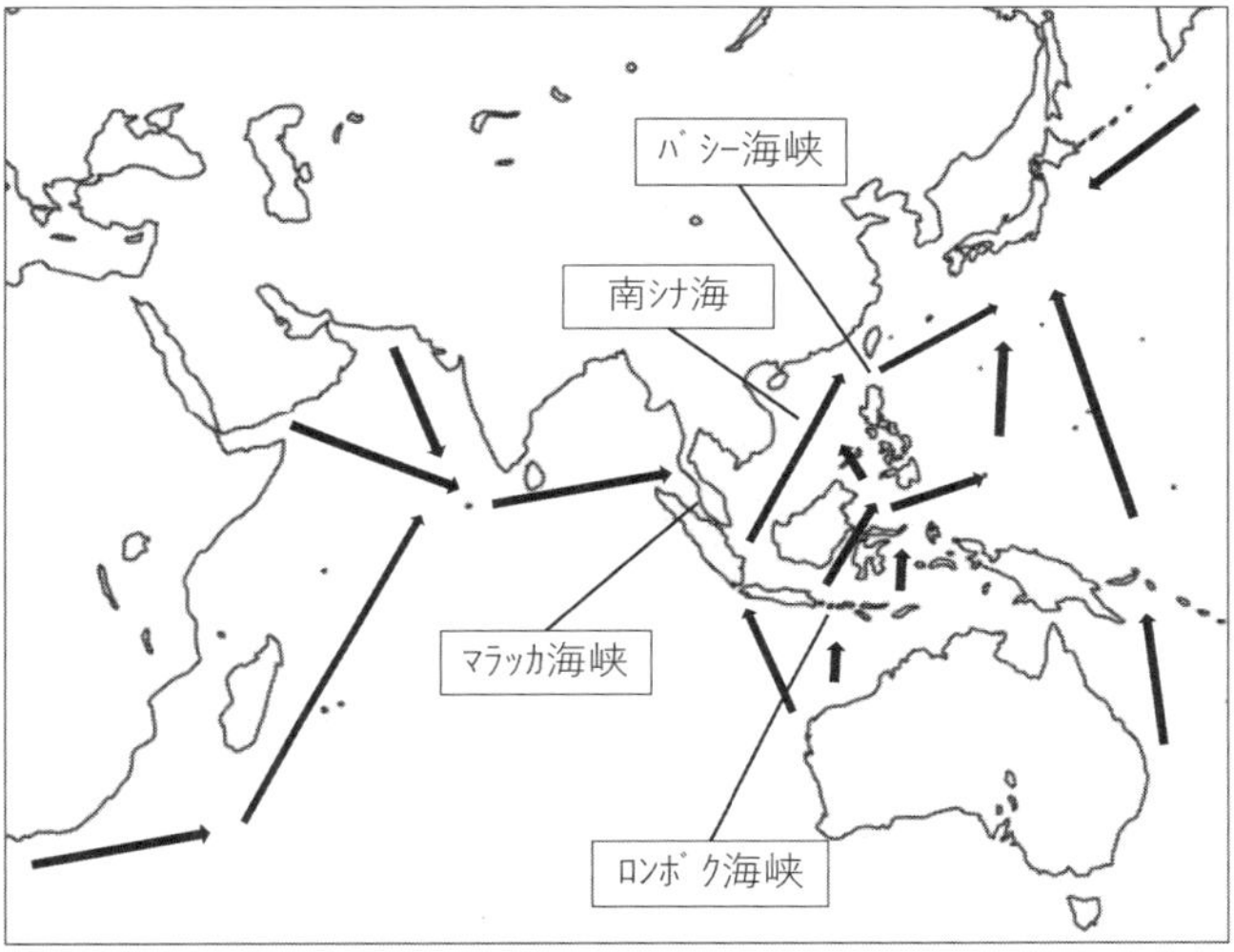

（出所）Marine Traffic を基に筆者作成

バシー海峡や日本の南西諸島周辺など広い海域の安全が脅かされかねない。

また、中国は南シナ海の中央部に位置するスプラトリー諸島に軍事基地を置いている。この南シナ海は、中東からの石油の通り道であるのみならず、日本の天然ガスの主な輸入先であるオーストラリア、マレーシア、ブルネイ、インドネシアからの船舶が通る海域でもある。有事には、中国によってこれらの輸入船の安全な航行も妨害される恐れがある。

○航行の自由の確保

台湾有事となれば、日本へ向かう船舶はこうした危険海域の迂回を余儀なくされるだろう。中東からの航行では、南シナ海やバシー海峡を避けて、大回りでロンボク海峡から北上することになる。このルートは平時から大型石油タンカーが通るが、南シナ海が軍事的に非常に危険な地帯となる場合には、さらに豪州の南から東を抜けて日本へ向かうルートを選択せざるを得なくなるかもしれない（小林、２０２４）。

豪州東岸部からは、ニューギニアの東を通過して日本に北上するルートが普段から使われており、台湾有事の影響は受けにくい。豪州西海岸からは、ロンボク海峡を抜けてフィリピンの西からバシー海峡を通過するルートが使えなくなるが、フィリピンの東側を通るルートもある。

危険海域を回避する場合、航海日数、必要船舶数、海上保険料、船員危険手当などのコスト増に伴い、輸入価格が高騰し得る。食料やエネルギーの輸入価格高騰は、国際的な需給の逼迫や円安などの影響で、過去にも何度か経験してきたことではある。しかし、台湾有事の場合には、十分な船舶や船員を確保できずに輸入が困難となり、食料やエネルギーの必要量確保にすら支障が出る可能性もあろう。

そのため日本としては、有事にあっても航行の自由を確保できるよう、シーレーン上の諸国との防衛協力が重要性を増している。２０１９年以来開催されるようになった日米豪印（クワッド）首脳会合が、自由で開かれたインド太平洋の海洋秩序に向けた協力を行っているのはその一例である。また、２０２４年4月には日米比の3カ国で初めて首脳会合を行い、防衛当局間および海上保安機関間の海上安全協力を強化していくことで一致した。シーレーン上にあるその他東南アジア諸国や太平洋島嶼国とも協力の強化が必要だ。

5．まとめ

以上の通りエネルギー資源や食料の大部分を輸入に依存する日本としては、平時には安定的な貿易体制の確保、有事に備えては輸入相手の多様化、一定程度の備蓄、自給体制の構築などの対策が必要となる。また、輸入のほとんどを海上輸送に頼るため、そのシーレーンの安全確保は生命線だ。こうしたエネルギーおよび食料の安全保障を確保するには、関係諸国との協力とともに、国内経済社会の在り方に関する国民的な議論が欠かせない。

【参考文献】

・稲垣公雄（2024）「「食料安全保障」を脅かすリスクシナリオ」三菱総合研究所「食と農のミライ」2024年6月5日
・久谷一朗（2019）「日本のエネルギー安全保障を取り巻く環境の変化」『海外投融資』2019年5月号、14－17頁。
・経済産業省（2010）『エネルギー白書 2010』
・――（2022）「電力・ガスの原燃料を取り巻く動向について」
・――（2024a）『エネルギー白書 2024』
・――（2024b）「令和6年度以降の調達価格等に関する意見」
・小林洋人（2024）「日米豪比防衛協力の焦点となる南北シーレーンの地経学」Foresight、2024年4月25日

・資源エネルギー庁（2018）「あらためて考える日本における石炭の役割」
・――（2024a）「石油備蓄の現況」
・――（2024b）「LPガス備蓄の現況」
・坪田邦夫（2022）「食料安全保障：国際社会の潮流再考」『農業研究』35、25–76頁。
・農林水産省（2022）「食料・農業・農村をめぐる情勢の変化」
・――（2023）「農林水産物輸出入概況 2022年」
・――（2024a）「我が国の農産物備蓄について」
・――（2024b）『令和5年度食料・農業・農村白書』
・――（2024c）「令和4年農作物作付（栽培）延べ面積及び耕地利用率」
・本間正義（2024）「農地規制撤廃で効率向上へ」『日本経済新聞』2024年7月5日付朝刊
・山下一仁（2023）「食料安全保障、日本のもろさ　ウクライナ侵攻で見えた危機的状況」時事ドットコム、2023年2月23日
・Economist Impact (2022) Global Food Security Index 2022
・FAO (2006) Food Security, FAO Policy Brief, June 2006 Issue 2
・IEA (2024) Glossary
・IPCC（2023）「第6次評価報告書第2作業部会報告書」
・JOGMEC（2024）「天然ガス・LNG価格動向」2024年7月
・OECD（2023）OECD-FAO Agricultural Outlook 2023–2032

論点
9

核兵器攻撃と原子力施設への軍事攻撃にどう備えるか

日本核物質管理学会事務局長　岩本友則

POINT

日本は、世界最大の原子力発電所である柏崎刈羽原発や核燃料サイクルに係るウラン濃縮及び再処理施設等、多くの原子力施設を有している。こうした状況のなかで軍事攻撃を規制する国際条約の現状を理解し、日本の原子力施設が軍事攻撃、特にミサイル攻撃を受けた場合どうなるのか、核兵器で攻撃された場合の被害の違いを含めて理解するとともに、世界における核兵器の進歩と保有状況等について把握しておくことも重要である。

1. 原子力施設に対する軍事攻撃に係る国際条約

原子力発電所等の原子力施設（以下「原発等」）に対する軍事攻撃、それによって引き起こされる被害は、過去発生した原子力発電所の事故の経験から、その被害は、一国にとどまることなく周辺国に広がる。例えば、1986年4月、旧ソ連ウクライナのチェルノブイリ（チョルノービリ）原発における事故により、近隣の地域はもちろん、東欧や北欧まで放射性物質が拡散し、大きな影響を与えた。

原子力施設への軍事攻撃は、このような大規模事故を引き起こすことを踏まえ、軍事攻撃を規制する国際条約「ジュネーヴ条約」がある。ジュネーヴ条約第一追加議定書第56条に危険な力を内蔵する工作物及び施設の保護として原子力発電所（以下「原発」）があり、その条文を以下に示す。

1. 危険な力を内蔵する工作物及び施設、すなわち、ダム、堤防及び原子力発電所は、これらの物が軍事目標である場合であっても、これらを攻撃することが危険な力の放出を引き起こし、その結果文民たる住民の間に重大な損失をもたらすときは、攻撃の対象としてはならない。これらの工作物又は施設の場所又は近傍に位置する他の軍事目標は、当該他の軍事目標に対する攻撃がこれらの工作物又は施設からの危険な力の放出を引き起こし、その結果文民たる住民の間に重大な損失をもたらす場合には、攻撃の対象としてはならない。

2．前1に規定する攻撃からの特別な保護は、次の場合にのみ消滅する。

a．ダム又は堤防については、これらが通常の機能以外の機能のために、かつ、軍事行動に対し常時、重要かつ直接的支援を行うために利用されており、これらに対する攻撃がそのような支援を終了させるための唯一の実行可能な方法である場合

b．原子力発電所については、これが軍事行動に対し常時、重要かつ直接的支援を行うために電力を供給しており、これに対する攻撃がそのような支援を終了させるための唯一の実行可能な方法である場合

ジュネーヴ条約は全面的な軍事攻撃の禁止ではなく、条件により攻撃ができる条文となっている。さらに、原発のみが攻撃禁止の対象となっており、他の原子力施設、例えば、原子力研究施設や再処理工場、ウラン濃縮工場等は対象外としている。

原発等に対する軍事攻撃を防ぐために、２００９年の第53回国際原子力機関（ＩＡＥＡ）総会において、すべての原子力施設に対する軍事攻撃禁止が決議されている。

ジュネーヴ条約は、国際条約であり、批准国に対し拘束力があるが、ＩＡＥＡの総会決議では

拘束力がない。

したがって、国際条約等において、原子力施設への軍事攻撃の危険性を排除できない。

2. 核兵器と原発等への軍事攻撃による被害の違い

原発等に対する軍事攻撃で生じる被害は、核兵器（原爆）による被害に匹敵するのか。広島、長崎における被爆実態と1979年3月の米国スリーマイル島原発、1986年4月のチェルノブイリ原発事故、それに2011年3月の福島第1原発事故の実態から、被害の違いについて表9－1に示す。

表9－1　核兵器と原発等への軍事攻撃被害

被　害	核兵器	軍事攻撃
①　熱線による被害	○	×
②　爆風による被害	○	×
③　高熱火災被害	○	×
④　放射線被害	○	○
⑤　後障害	○	○

（出所）「原爆被害の概要 - 広島市公式ホームページ|国際平和文化都市<https://www.city.hiroshima.lg.jp/site/atomicbomb-peace/9399.html>」を基に筆者作成

原発等がミサイル等による軍事攻撃によって破壊されたとしても原爆が人体や環境に大きな影響を与えた爆風、熱風および高熱火災は生じない。また、中性子線の影響も極めて小さいものとなる。しかし、福島第1原発において、1号機から3号機の事故により外部に放出された、放射能物質について、当時の経済産業省原子力安全・保安院によれば、放出された放射性セシウム137

が1万5000兆ベクレルで、広島に投下された原爆の168個分相当となり、また、ヨウ素131は、16万兆ベクレル、ストロンチウム90は140兆ベクレル放出され、それぞれ広島原爆2・5個分、2・4個分に相当するという。

ちなみに、国連科学委員会のデータをもとにまとめた原爆による放出量は、セシウム137については89兆ベクレルと推定される。(1) したがって、放出される放射能量は、核兵器よりも原発を軍事攻撃により破壊された方が、大量に放出される。

3. 核兵器による被害(2)

核兵器の被害の第一は、熱線による被害であり、爆発の瞬間、落下中心地付近では3000～4000℃の高温となる。太陽の表面温度が約6000℃、鉄が溶ける温度が約1500℃、最も融点の高い金属タングステンでも約3400℃であることを考えると、ものすごい高温の熱線が放出され、その高熱により多くの物が一瞬にして焼き尽くされる。

第二は、爆風による被害である。爆発により超高圧となり猛烈な爆風が生じて広島では、爆心地から半径2キロメートル内の木造家屋は倒壊し、人々は吹き飛ばされ即死している。また、歴史上最大の水爆（広島原爆の3300倍の威力）の核実験が旧ソ連ノヴェヤムリャ島上空約4000メートルで実施されたが、その爆発による衝撃波は、地球を3周したと報告されている。

第三は、高熱火災による被害である。爆発時に発せられる熱線により家屋等が瞬時に燃え、火災は非常に広範囲に及ぶ。広島では、爆心地から半径2キロメートル以内は、ことごとく焼失している。

第四は、放射線による被害である。核兵器の特徴は、通常の爆弾では発生しない放射線を大量に放出し、放射線によって人体に深刻な障害を及ぼすことである。放射線による障害は、距離やコンクリート等の遮蔽物の有無によって、その影響は異なるが、爆心地から約1キロメートル以内にいた人については、外傷がまったく無いにもかかわらずその後、発病し死亡した例も多く見られた。

また、放射性物質を含んだチリやススなどが地表から巻き上げられ黒い雨の原因となった。さらに、放射性物質は、川や井戸水に及んだ。

第五は、放射線の後障害である。放射線は、被爆直後の急性障害（発熱、はきけ、下痢など）だけではなく、その後も長期にわたって様々な障害を引き起こしている実態が報告されている。また、放射線の影響について、広島・長崎の被爆調査において子供や若い人に出やすいことが報告されている。

（1）福島第1原発からの放出量は、政府がＩＡＥＡに提出した報告書に基づく。
（2）国際平和拠点ひろしまホームページ

4．原発等への軍事攻撃による被害

日本の核燃料サイクルの現状を踏まえると、原発に加えて、原発の核燃料製造のための濃縮ウランを製造するウラン濃縮工場、原発で使い終わった燃料、すなわち使用済み燃料を、処理して再び燃料として使うウランおよびプルトニウムを取り出す再処理工場が、電力供給に係る核燃料サイクルの施設として存在する。これらの施設に対する軍事攻撃についても記述する。

原子力施設に対する軍事攻撃の事例としては、ロシアのウクライナ侵攻において、チェルノブイリ原発（2000年完全停止）、ザポリージャ原発（欧州最大の原発）、ハリコフ国立物理学研究所が攻撃対象となった。幸いにして被害を引き起こすミサイル攻撃等大規模な破壊行為は実施されなかった。

過去にあった原子力施設に対する軍事攻撃の代表的なものとして、1981年6月イスラエルがイラクのタムーズに建設中の原子力発電所に対し空爆を行い破壊した。このときは、稼働前で核燃料が装荷されていなかったため、放射線の被害はなかった。

2002年に発覚したイランによるIAEA未申告のウラン濃縮活動では、イランのナタンズに建設した濃縮工場は、前出のイスラエルによる原発への攻撃を踏まえて、地下深くに建設したと説明している。

図9－1　加圧水型（PWR）原子炉および燃料集合体

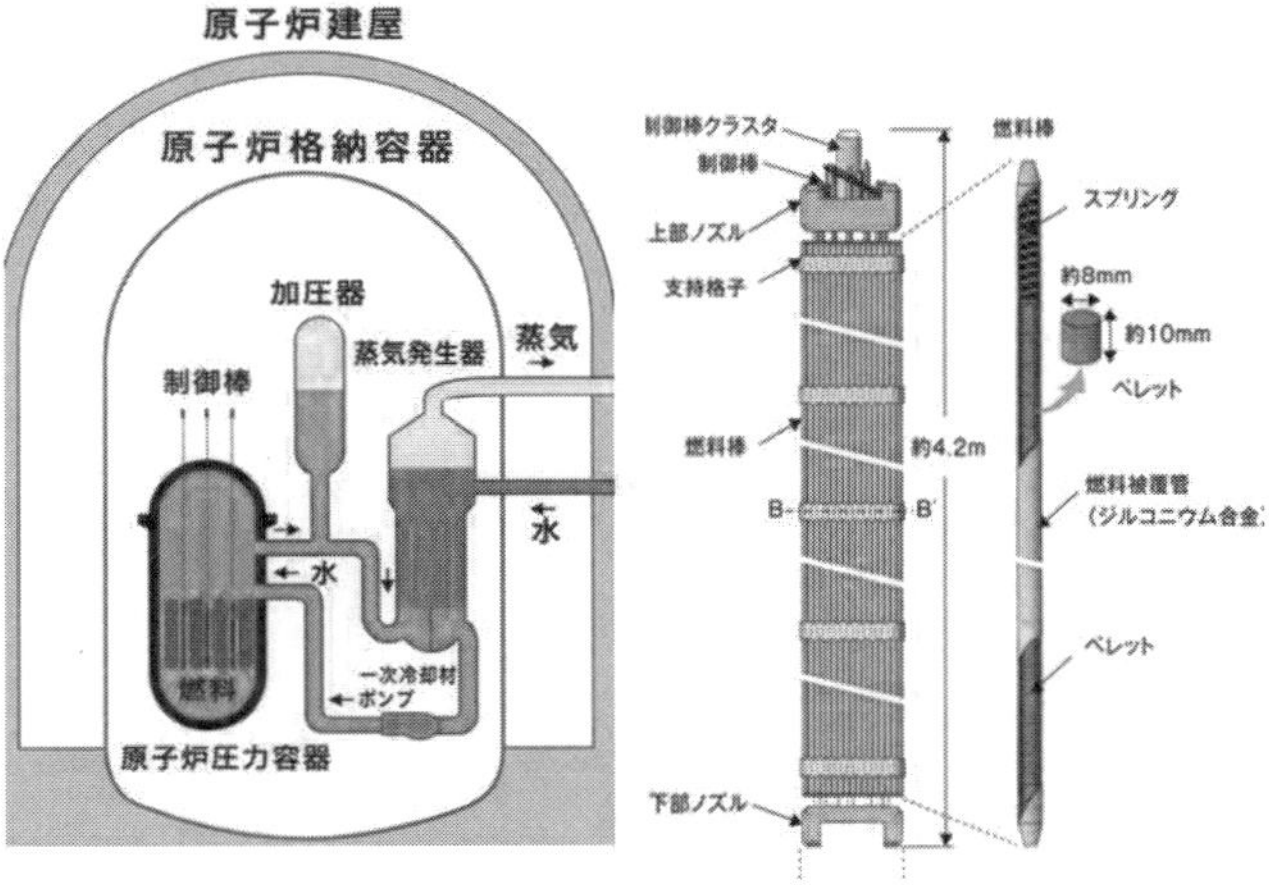

（出所）日本原子力文化財団ホームページ「原子炉の種類｜原子力開発と発電への利用 <https://www.jaero.or.jp/sogo/detail/cat-02-04.html?id=cont_02>」を基に筆者作成

一般的に原子力施設は、国際ガイドラインに基づくテロ対策は実施されているものの、軍事攻撃に対する対策は実施されていない（日本では、テロ対策のなかに意図的な航空機衝突対策が加えられている）。

原発等が軍事攻撃された場合の放射線被害の大きさは原子力発電所が最も大きく、2番目が再処理工場となる。

原発は、外部への放射性物質放出防止のため障壁がある。図9－1に示すように[3]、内側から、ジルコニウム合金の燃料棒、ステンレス鋼と炭素鋼の厚さ約15センチのクラッド鋼板による原子炉圧力容器、厚さ3センチの鋼鉄製原子炉格納容器、最後に厚さ1メートルの原子炉建屋という4重の障壁が設けられている。

この点から、放射性物質の外部放出に至

図９－２　再処理工場工程概念図

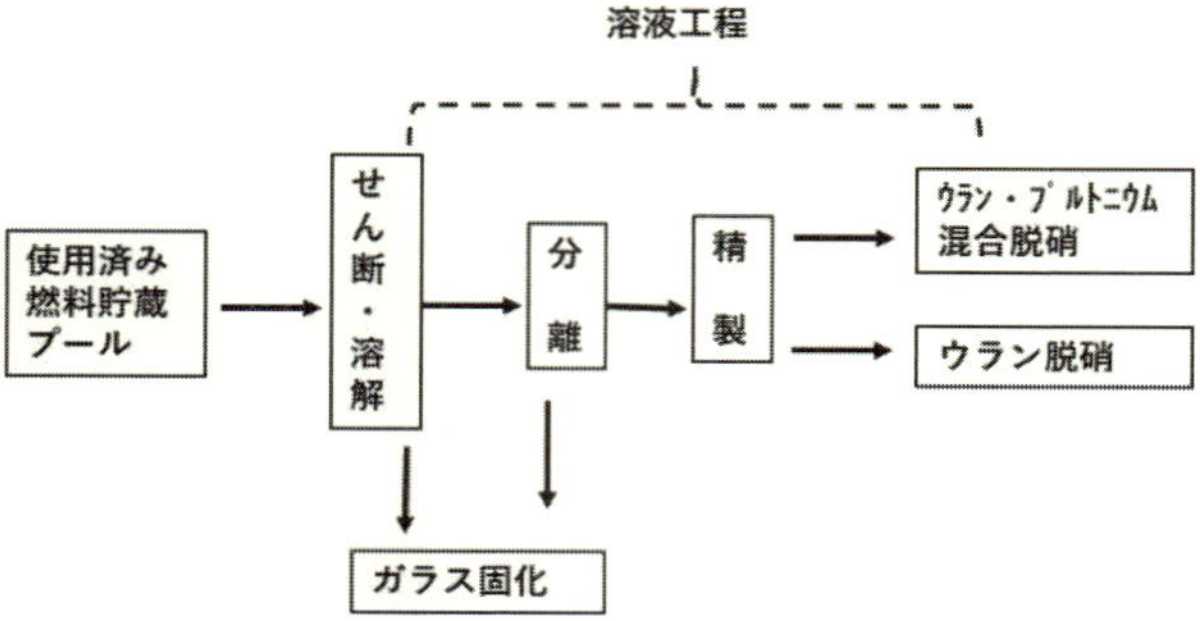

（出所）筆者作成

る破壊は、ミサイル等を用いた攻撃でも容易ではない。むしろ、冷却機能破壊により福島第1原発同様の事故を生じさせることにより、放射性物質の外部放出が導かれる。

第二に再処理工場について見てみたい。使用済み燃料貯蔵プールも合わせた放射性物質の量、すなわち放射能量は、本格稼働すれば、再処理工場が最大となる。

しかし、再処理で処理する使用済み燃料は、原子炉から取り出してかなりの時間経過したものであり、強い放射線を出す核的生成物は減少し、その強度は減衰している。その証拠として、原子炉から取り出されて7年以上経過した使用済み燃料は、水冷却が不要な乾式貯蔵が可能となる。

再処理工場において取り扱われる核物質および放射性物質の形状の特徴は、図9－2に示すように溶液状態である。そのなかで、使用済み燃料の再処理により発生する高レベル放射性廃液がある。この廃液は最終的にガラス固化されるが、ガラス固化前の廃液は、非常に放射線が強く、外部に放出された場合、甚大な放射線被害を及ぼす。

図9-3　ウラン濃縮工場工程図

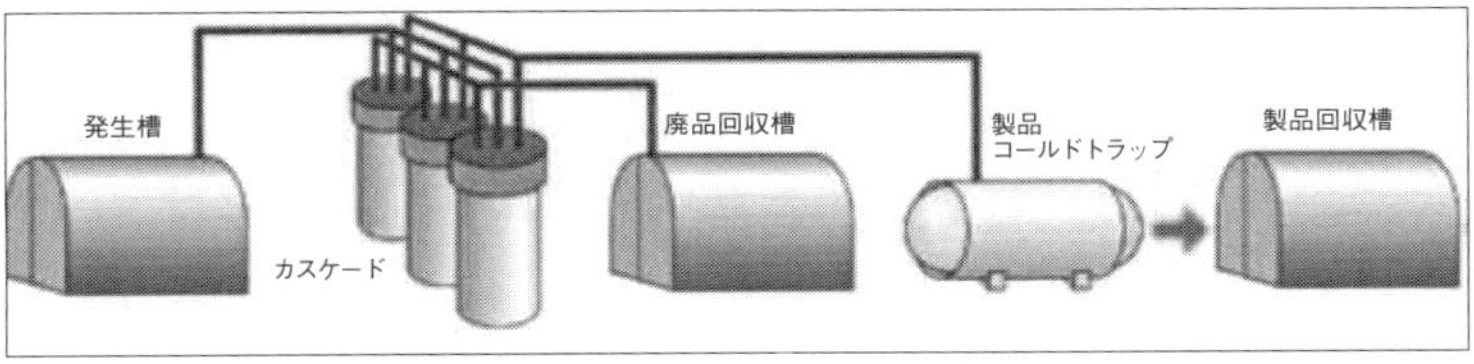

（出所）日本原燃ホームページ

日本の再処理工場における外部への放射性物質放出防止のための障壁として、溶液取扱工程のタンクや配管等の設備はステンレス鋼製であり、それらは、厚さ2メートルの鉄筋コンクリートのセルと呼ばれる設備の中にある。さらにセルの内側は、ステンレス鋼でライニングされている。核物質を取り扱うセルは、地下階に設置されている。また、再処理工場の建屋は、意図的な航空機の衝突対策のため1・2メートルの鉄筋コンクリートでつくられており、かつ、工程ごとに分かれた建屋構成になっている。この点から、放射性物質が外部放出に至る破壊は、軍事攻撃をもってしても容易ではない。

第三に、ウラン濃縮工場について見てみたい。ウラン濃縮工場で取り扱われる核物質は、六フッ化ウランのみであり、放射線強度は非常に低く。放射線被害よりも化学的毒性による被害の方が重大である。

ウラン濃縮工程（図9－3参照）[4]においては、ウランは気体状の六フッ化ウランガスに気化され、大気圧よりかなり低い負圧状態で取り扱わ

（3）原子力文化財団ホームページ
（4）日本原燃ホームページ

れている。仮に工程が破壊された場合、空気が工程内に流入する。日本は湿度が高いため、工程内に流入した空気中の水分と反応し微量のフッ化水素ガスが漏れ出るかもしれないが、その可能性は極めて低い。

ウラン濃縮工場には、一般的に均質ブレンディング工程がある。この工程では加圧状態で六フッ化ウランが取り扱われる。仮に、この工程が稼働時に軍事攻撃を受け破壊された場合、外部に六フッ化ウランガスが放出することになるが、この工程において発生した海外の事故例では大きな被害は生じていない。

日本のウラン濃縮技術において、均質ブレンディング工程は不要であることから、通常は、停止しておけばよい。

原発等の建屋や再処理工場における放射性物質を取り扱うセルは、鉄筋コンクリートの壁厚と使われる鉄筋の太さによって強化されている。それらに使われる鉄筋は、ビル建設等で用いられる鉄筋の2倍から3倍の太さである。

以上の点から原発等の軍事攻撃の被害は、当該国における産業および経済活動の根源となる電気エネルギーの喪失となる。

5. 核兵器技術の進歩と被害について

核兵器の技術進歩は凄まじく、特に小型化、強力化は飛躍的に進歩している。今日の核兵器は、三重水素（トリチウム）および重水素を中心に詰め、爆縮により核融合を起こし大量の中性子を発生させ、効率的な核分裂を起こさせ爆発威力を飛躍的に向上させるブースト型原爆が主流となり、さらに威力を向上させた最強の核兵器と言われる「水爆（英語では熱核兵器：thermonuclear weapon）」が開発されるなどしている。

水爆は、高濃縮ウランまたはプルトニウムによる原爆を起爆装置として用いて、その核爆発によりトリチウムおよび重水素による核融合反応を誘発して、莫大な破壊エネルギーを放出させる。その威力は広島や長崎に投下された原爆の数十倍から1000倍にもなると言われている。ミサイル搭載可能な水爆による被害とその範囲予測を、図9－4に示す。[5]

核兵器の脅威を踏まえ、世界の平和を確保するために核兵器不拡散条約（NPT条約）が、1970年3月に発効し、現在、191カ国が締約国となっている。この条約において1967年

（5） ネブラスカ大学メディカルセンター2008年発表資料を基に筆者作成。

図９－４　核兵器による被害範囲予想

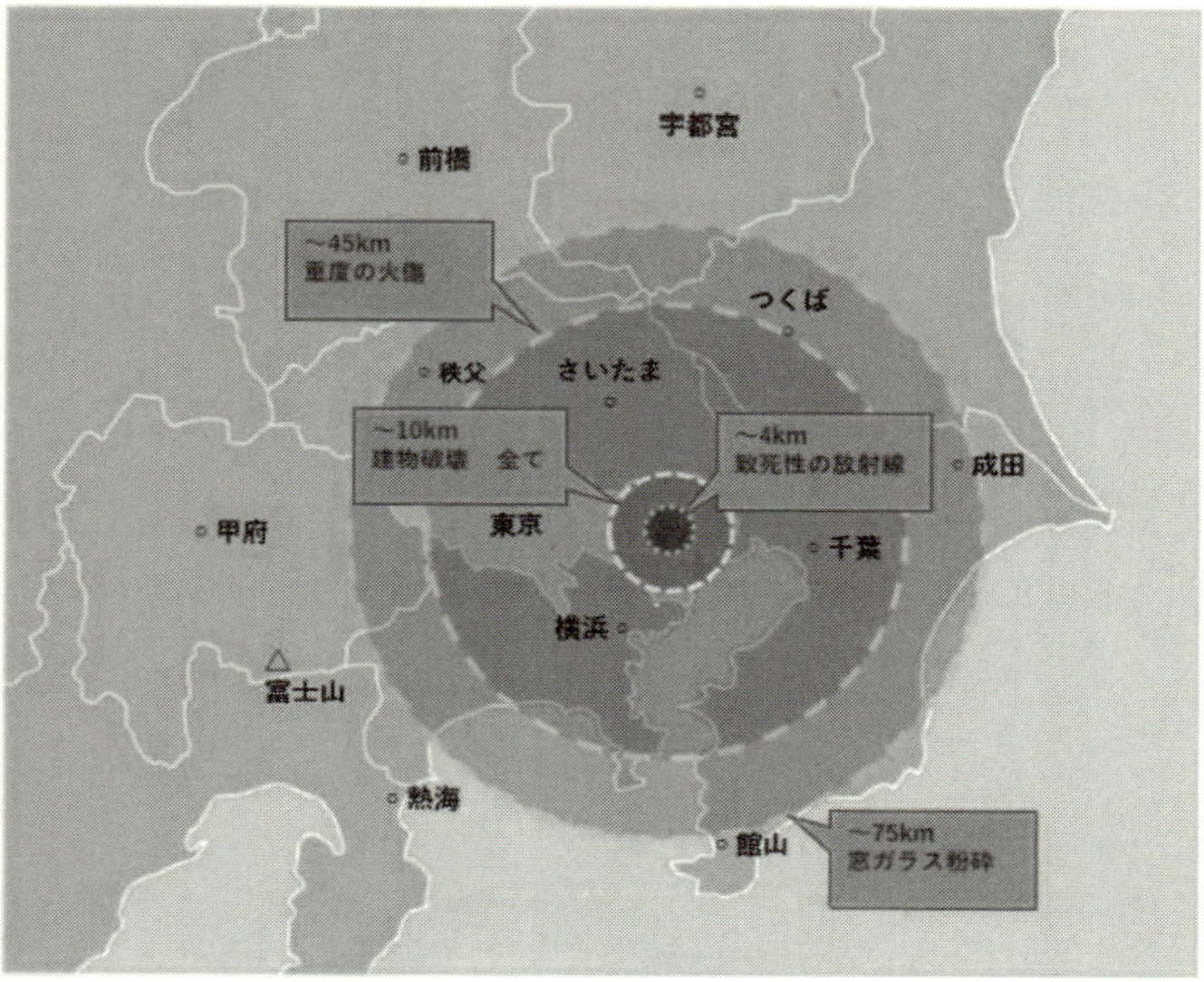

（出所）ネブラスカ大学メディカルセンター2008年発表資料を基に筆者作成

表９－２　世界の核弾頭数（2023年６月現在）

	国名	全弾頭数	作戦配備
NPT核保有国	ロシア	5,890	1,674
	米国	5,244	1,777
	中国	410	0
	フランス	290	280
	英国	225	120
核保有国	パキスタン	170	0
	インド	164	0
	イスラエル	90	0
	北朝鮮	40	0
	合計	12,523	3,851

出所）長崎大学核兵器廃絶研究センター（RECNA）『世界の核弾頭一覧』（2023年度版）を基に筆者作成

1月以前に核実験を成功させた国を核保有国、それ以外の国を非核保有国と定義した。その基本理念は、核保有国の核軍縮に対する努力とIAEA保障措置適用による原子力平和利用確保である。

また、国際社会における核兵器の非人道性に対する認識の広がりや核軍縮の停滞などを背景に、2017年7月「核兵器禁止条約」が国連加盟国の6割を超える122カ国の賛成により採択され、多くの国が核兵器廃絶に向けて明確な決意を表明した。

では核軍縮が進んでいるのだろうか？　世界の核弾頭数を示した表9-2を見てほしい。[6] 核兵器の技術進歩による核の威力の強力化、そして、5カ国であった核保有国に加えて新たに4カ国が核兵器を保有している。この状況は、核の脅威が増大しつつあることを示している。

（6）長崎大学核兵器廃絶研究センター（RECNA）『世界の核弾頭一覧』（2023年度版）を基に筆者作成。

論点
10

防衛産業をどう育成するか
(日本版DARPA構想)

未来工学研究所研究参与 西山淳一

POINT

防衛生産基盤強化の措置としてサプライチェーン調査を行い問題がある場合の対策の提示、製造施設等の国による保有（GOCO方式）、国際競争力強化のために防衛産業再編等を考えるべきである。また装備移転円滑化のため運用基準を見直し、同盟国、友好国等との連携強化を図ることを目的とし、政府主導のマーケティングを行い防衛装備移転（武器輸出）を拡大すべきである。防衛装備品の開発生産は自国技術の向上と防衛力の強化になり、国際共同開発のためにも必須である。研究開発の一層の推進のため日本版DARPA・DIUというべき「防衛イノベーション科学技術研究所」が設立されたことによる具体的な推進を期待する。防衛産業従事者が防衛事業に誇りを持って働けることが、真に「防衛産業はいわば防衛力そのもの」となる。これが日本としてのプリンシパルであってほしい。

1. 国家安全保障戦略

2013年、日本は現行憲法下で初めて、国家安全保障に関する基本方針「国家安全保障戦略」を制定した。2022年12月に「国家安全保障戦略」を改定し、同時に「国家防衛戦略」と「防衛力整備計画」を制定した。この3つの文書を安保関連三文書と呼んでいる。

国家防衛戦略のなかで「いわば防衛力そのものとしての防衛生産・技術基盤」が謳われた。それを受け、防衛装備庁は防衛産業基盤強化のため、以下の7つの項目を挙げている(1)。

- 防衛産業の位置づけ明確化
- サプライチェーン調査
- 基盤強化の措置
- 装備移転円滑化の措置
- 資金の貸付け
- 製造施設等の国による保有
- 装備品等契約における秘密の保全措置

(1) 令和5年2月防衛装備庁資料

２０２３年10月、これらの項目の実現のため「防衛生産基盤強化法」が施行された。

2. 日本の防衛産業

日本の防衛産業は、第2次世界大戦の敗戦により解体され、戦後１９４５年から50年までの7年間禁止されていたが、戦前・戦中の軍需産業を受け継いでいる。１９５０年、朝鮮戦争勃発により特需が起き防衛産業は復活した。同時に世界は冷戦構造が明確になり、米国にとって日本の防衛力が必要となり１９５４年自衛隊が創設された。

日本は、憲法の制限もあり専守防衛を基本とし、いわゆる攻撃兵器（弾道ミサイル、爆撃機、空母など）をつくらず、防御に特化した各種の防衛装備品を民間の産業基盤をベースに開発してきた。

○日本の工業における防衛産業の位置づけ

日本の経済規模は、２０２２年度、ＧＤＰ５５９・７５兆円、製造業の売上高４３６・３兆円[2]、政府一般会計支出１１０・３兆円、防衛関係費５・２兆円（ＧＤＰ比０・９％）である。防衛省向けの生産額（物件費〈歳出〉）は約２・０兆円[3]で国の製造産業の０・４５％である（図10－1）。

２０２２年、日本政府は防衛費をＧＤＰの２％とする目標を立て23年度から防衛予算が暫時2

図10－1　防衛生産額規模（2022年度）

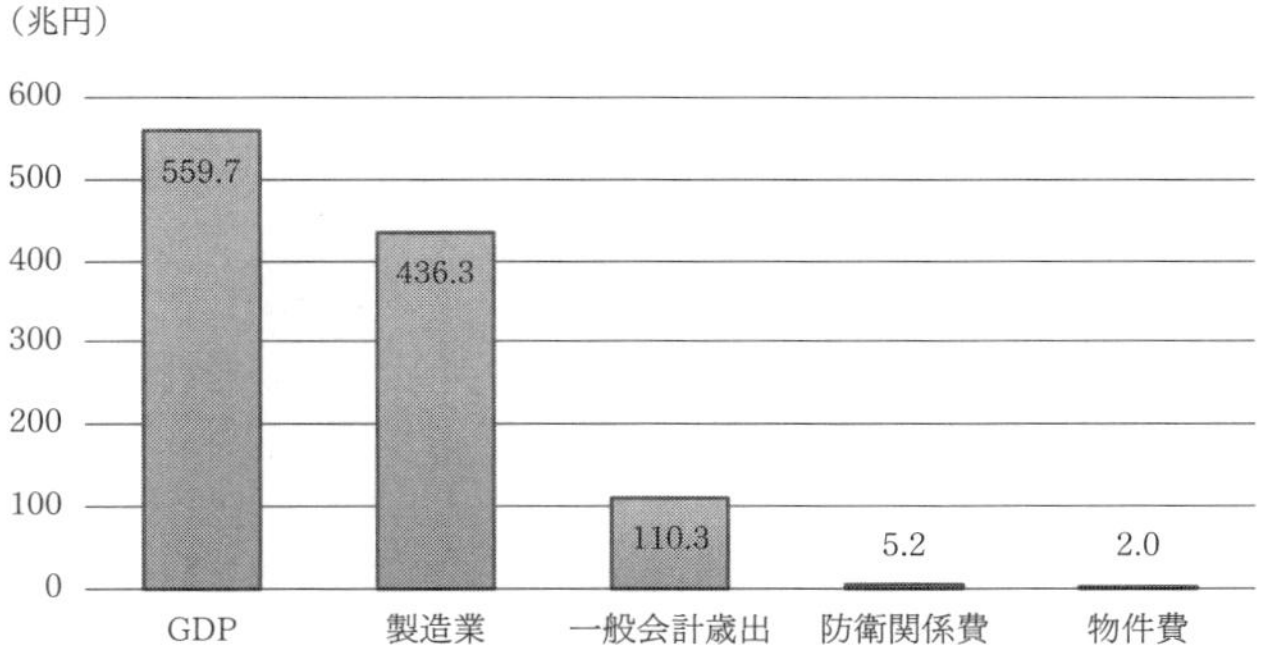

（出所）政府データより筆者作成：「2022年経済構造実態調査」2023（令和５）年12月25日 総務省・経済産業省；我が国の防衛と予算 令和５年度予算の概要

倍ぐらいになるという大きな変わり目のときである。しかしながら、たとえ事業規模が2倍になったとしても日本全体における防衛産業規模は１％程度であり、産業としてはごく小規模である。

○各国の防衛事業規模

　各国企業の防衛事業規模[4]をみると、1位がロッキード・マーティン社で、レイセオン・テクノロジーズ社、ボーイング社、ノースロップ・グラマン社、ＧＤ社と続き5位まで米国会社が占めている。6番目に英国、7、8、9位は中国企業である。ロシア、イタリア、フランス、イスラエル、ドイツなどが続き、日本企業は三菱重工43位、川崎重工65位、富士通80位、ＩＨＩ99位と下位の方にわずかに4社である（２０２２年）。

　日本企業の規模そのものは世界の大企業レベルであるが、防衛のシェアが重工系で10％程度、電気会社系では3～4％程度で各社における防衛事業の比率が小

図10-2　各国の防衛産業規模

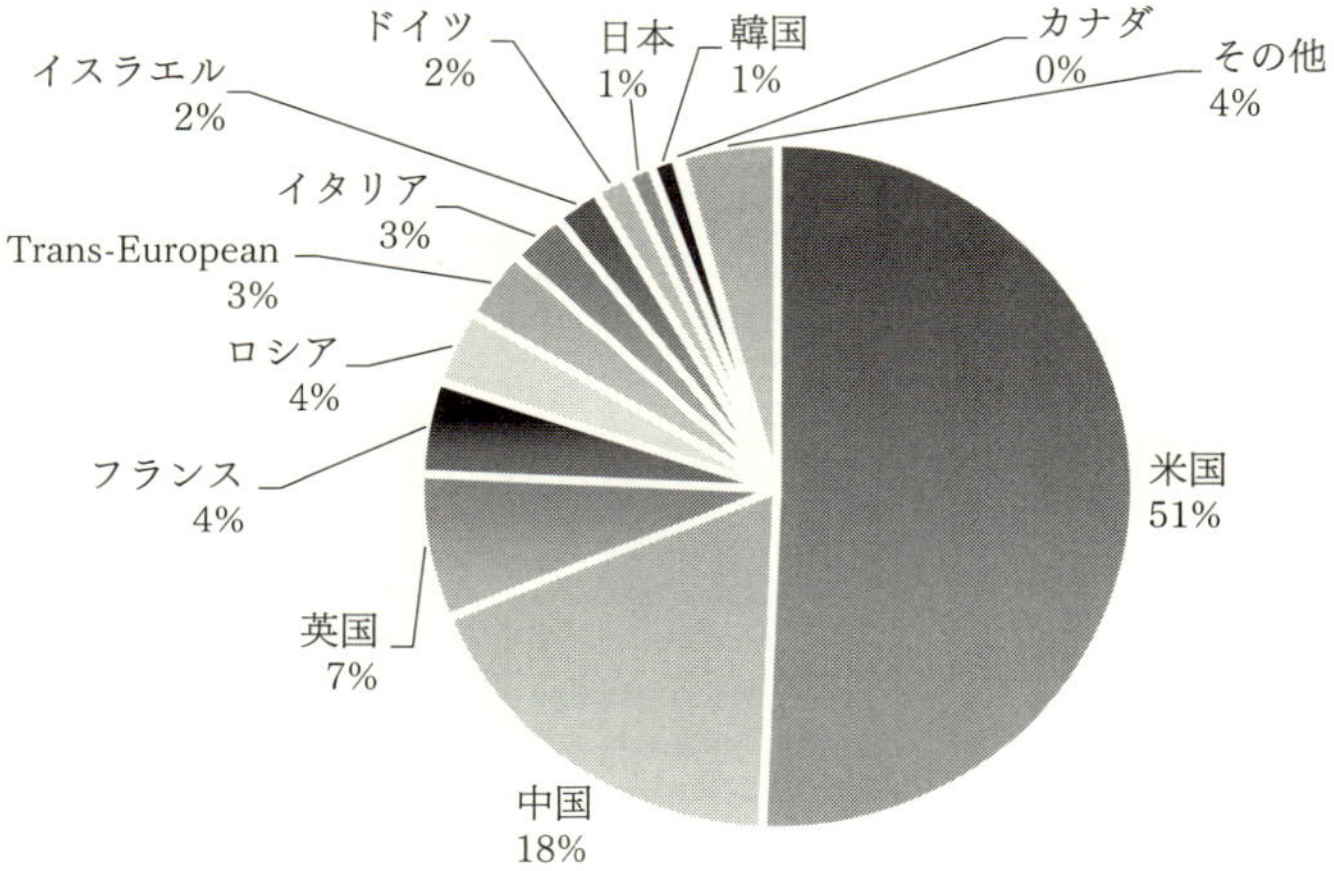

図10-3　各国の企業規模

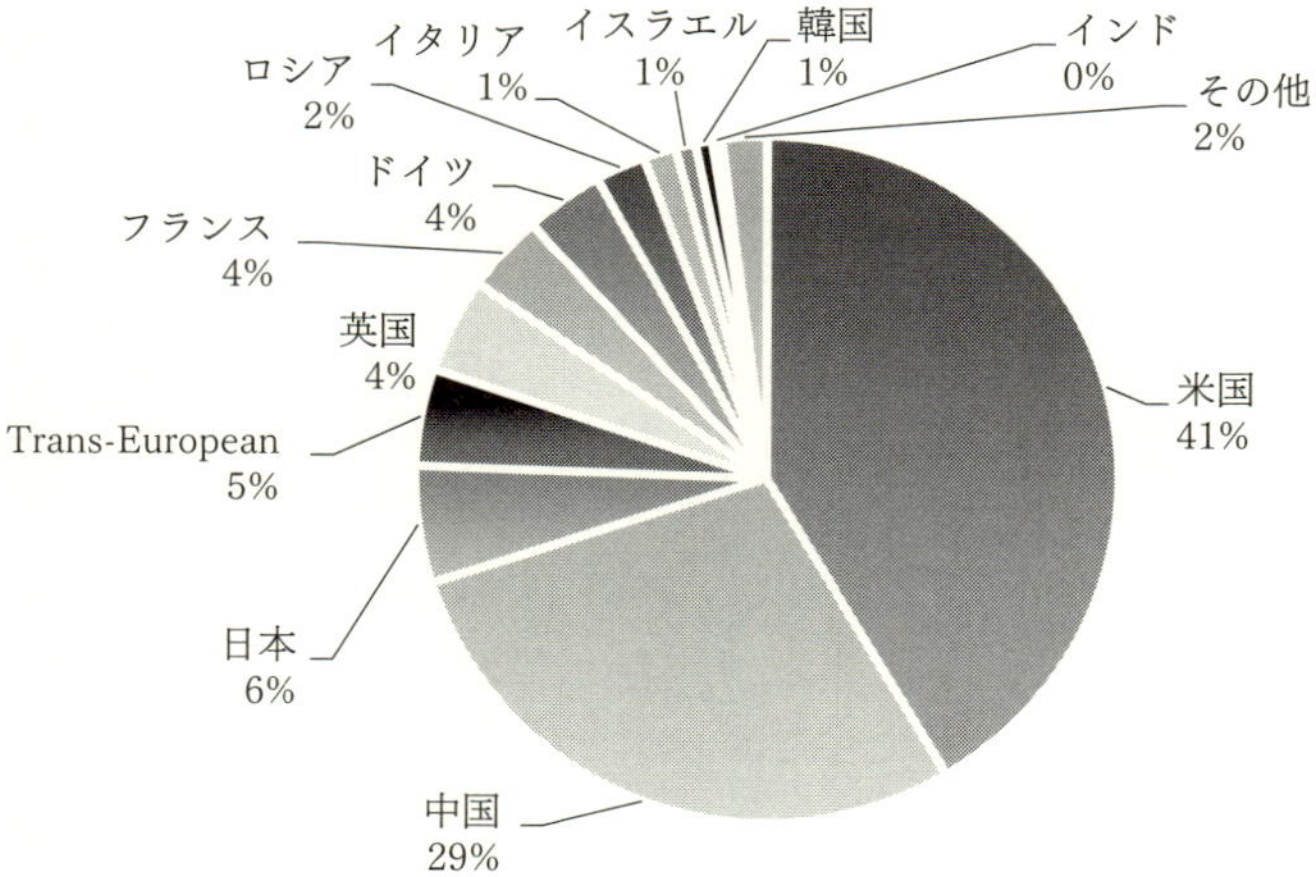

（注）Trans-European は Airbus Defence and Space、Dassault Aviation、Leonardo、Rolls-Royce、Thales Group など EU 各国にまたがる多国籍企業

（出所）SIPRI 統計データより筆者作成

さいためにトップ100社の中に4社しか登場しない。

各国の防衛産業規模の比較では米国が約50%、続いて中国が米国の約3分の1の18%であり、ここでも米国の圧倒的大きさが分かる。ちなみに、日本はわずか1%である（図10－2）。

各国の企業規模比較ではトップ100社のうち日本の4社の合計が米国、中国に続く第3位である。つまり民間事業としては大規模であるが、防衛分野の比率は小さい（図10－3）。

○防衛装備品開発・調達モデル

日本の防衛装備調達は、国内と外国からの2つに分けられる（表10－1）。

外国からの調達は一般輸入（民間の取引、商社経由を含む）と政府間取引（FMS: Foreign Military Sale：有償軍事援助［米国］）で、完成品輸入が主であり運用を優先した導入形態であ

（2）工業統計の算出方法が変わったため従来と数値が変わった：工業統計調査の中止（廃止）のお知らせ：工業統計調査は、「公的統計の整備に関する基本的な計画（2020年6月2日閣議決定）」における経済統計の体系的整備に関する要請に基づき、経済構造実態調査に包摂され、製造業事業所調査として実施されることになりました。【経済構造実態調査ホームページ】※参考情報：経済構造統計の体系的整備の進展、最終更新日：2022年9月30日（https://www.meti.go.jp/statistics/tyo/kougyo/haishi.html）。

（3）防衛産業規模については防衛費のうち、「物件費（歳出）」を防衛生産額とした。

（4）The SIPRI Top 100 arms-producing and military services companies in the world, 2022 (https://www.sipri.org/databases/armsindustry)

表10- 1

区分	形態	説明	課題
外国	一般輸入	・民間取引 ・完成品の輸入 ・能力整備優先	・国の産業基盤への寄与小
	FMS	・政府間取引 ・完成品の輸入 ・能力整備優先	・近年 FMS が急増 ・国の産業基盤への寄与小
国内	ライセンス国産	・部品から完成品までの国内製造	・対日技術移転制限、高コスト ・輸出せず（従来）
	共同生産	・外国企業からの生産下請け（部品供給）	・武器輸出三原則の制限緩和（進行中） ・FMS 部品生産への参画
	国際共同研究・開発・生産	・R&D 段階から装備移転まで	・防秘を含む国際標準の適用 ・国際競争力の強化 ・外国研究開発への参加
	国内研究開発・生産	・日本独自の研究開発・生産	・長期的視点による研究開発投資 ・独自技術の育成 ・国際規格（NATO 規格）の適用

（注）R&D：Research and Development（研究・開発）
（出所）筆者作成

る。日本企業は維持整備支援を行うが作業量は限定的であり、国内産業基盤への寄与は小さい。

近年ＦＭＳが急増していると言われているが、従来要求することができなかった能力、例えば反撃能力などを議論することが避けられ開発してこなかったことが大きな要因であると考えられる。

国内調達には、①外国システムをライセンス国産（ラ国）、②外国企業との共同生産、③外国企業と国際共同研究・開発・生産、④

国内研究開発・生産の4つのケースがある。

ライセンス国産は戦後の防衛生産再開と時を同じくして始まった。主に米国からの先端兵器システム、技術の導入であったが、一部の技術の入手には制限があり、また納入先が自衛隊だけに限定され高コストにならざるを得なかった。その後、米国等からの技術導入はさらに難しくなり、今や主要装備品のラ国の時代は終ったと言っても過言ではない。しかしながら、防衛装備移転の見直しが進み、供与国へのラ国部品等の逆輸出、パトリオットミサイルの米国への輸出が可能となり大きな変化の時を迎えている。

共同生産は従来不可能であったが、今般の防衛装備品移転の見直しにより可能になってきた。共同生産は国際的サプライチェーンの一角に入ることであり、国際社会における日本の位置づけがより強固になると考えられる。国際共同開発については、次期戦闘機が日英伊の共同開発として始まり大きな一歩を踏み出している。当然のことながら、国内研究開発・生産は日本の独自性を生かした要求を基に独自技術で開発生産するもので技術育成のためにも欠かせない。

3. サプライチェーン

防衛産業基盤強化のためには、現状を理解する基礎的データの収集が欠かせない。その一つがサプライチェーンの現状把握調査である。

防衛分野のみならず、サプライチェーンはエネルギー、食糧、各種原材料など各分野で課題が浮き彫りになってきている。身近では薬の原材料に加え、薬自体を輸入に頼っているための薬不足が問題との指摘もある。(5) 防衛分野では、ウクライナ戦争に見られるように部品不足の顕在化などサプライチェーンは大きな問題である。(6)

米国においては十数年前からDOD（国防省）がサプライチェーン調査をS2T2（Sector-by-Sector, Tier-by-Tier）リスク分析として行っている。分野別（Sector）対象機種はAESAレーダー（Active Electronically Scanned Array：アクティブ電子走査アレイ）、F18戦闘機、軍事衛星など主要装備を取り上げ、段階別（Tier）としてプライムがティア1、その次がティア2、さらにティア3と部品の段階まで落としている。

評価指標は、クリティカリティ（重要性）とフラジリティ（脆弱性）で、「重要性」は、防衛専門企業、防衛専門設計、専用施設・設備の必要性、代替手段など、「脆弱性」は、財務状況、防衛事業依存度、同業者の有無、海外依存度などである。各項目に点数づけを行い総合的に評価し、問題がある場合は、政府として何らかの対策、政府資金援助、合併、撤退などの施策を提示している。

サプライチェーン調査に関しては、企業として営業上の情報に直結するため対応に苦慮することが想定される。調査結果に対して国としてどのような施策を考えているかを事前に産業界に提示することが、企業の協力を得るための一つの方法ではないであろうか。

4．製造施設等の国による保有

工場の生産設備に関して防衛装備庁は、「他に手段がない場合、国自身が製造施設等を保有し、企業に管理・運営させることを可能とする」との方針である。

米国にはＧＯＣＯ（Government Owned Contractor Operated：政府所有・民間運営）という制度があり、ステルス戦闘機Ｆ22やＦ35をつくっているロッキード・マーティン社のフォートワース工場はＧＯＣＯとなっている。

（5）「中国に依存する医薬品業界のサプライチェーン構造」『JNEWS』２０２０年2月26日（https://www.jnews.com/profit/2020/004.html#:~:text=%E5%8C%BB%E8%96%AC%E5%93%81%E3%81%AE%E8%A3%BD%E9%80%A0%E5%B7%A5%E7%A8%8B,%E5%8D%A0%E3%82%81%E3 %81%A6%E3%81%84%E3%82%8B%E3%81%AE%E3%81%A0%E3%80%82）；「アメリカと中国『医薬品・バイオ』巡る攻防の本質」東洋経済オンライン２０２３年1月30日（https://toyokeizai.net/articles/-/648675）

（6）「ウクライナ侵攻が半導体生産に影　原材料不足の懸念」『日経ビジネス』２０２２年3月11日（https://www.nikkei.com/article/DGXZQOUC093YC0Z00C22A3000000/）；「日米の防空ミサイル増産協力、ボーイングの部品供給が障害＝関係者」Reuters，２０２４年７月22日（https://jp.reuters.com/world/security/5J6K2KYQ7ZI6TL2FUBJXT72JTY-2024-07-20/）

ＧＯＣＯは製造設備を政府が所有し、会社が運営する（製造を行う）方式である。会社としては初度（最初）の費用（建設費等）が不要で、資金上のメリットは大きく、ベンチャー企業やスタートアップ企業参入の場合のインセンティブとなろう。

日本には「公有民営」という方式があり、交通インフラでは鳥取県の若桜鉄道、三重県の伊賀線に適用されている。国あるいは地方自治体が所有し、運営は会社に行わせる形態である。この例のようにＧＯＣＯ方式は日本でも既に実例があると考えることができる。

インドでもＧＯＣＯモデルを検討しており、(7) 防衛産業基盤は国家が取り組むべき事業であると認識されているのであろう。

この仕組みを、「他に手段がない場合」と限定せず積極的に活用することが、「防衛産業はいわば防衛力そのもの」を体現する証左になるのではないだろうか。

5. 防衛装備移転

１９９６年の武器輸出三原則（三木内閣）では「慎む」という表現で実質的に武器輸出は認められず、武器輸出禁止一原則の状態であった。２０１４年、防衛装備移転三原則が見直されたが、「本当にドアが開いたのか」という疑問符付きだった。２０２２年になって、さらに防衛装備移転三原則の運用基準が見直され、ウクライナ支援、ラ国品の輸出、さらに次期戦闘機の国際共同開発と拡大してきている。

○民主導での輸出は不可

武器輸出を行うのは死の商人だと言う向きもあるが、武器は民間が勝手に輸出できるものではない。国の方針で輸出が決められるものである。

米国ではＩＴＡＲ（International Traffic in Arms Regulations：国際武器取引規則）規制により、こういう技術やモノの輸出はできないということが規定されている。さらに、特定の技術の場合は米国内で生産すべきという規定もある。

日本のＦ４後継機選定のときＦ22戦闘機も候補に挙がったが、米国議会が反対し[8]、日本だけでなく、どの国に対してもＦ22の輸出は許可されなくなった。このように武器輸出は、国家としての決定事項である。

武器を輸出する相手先は同盟国や友好国、「自由・民主主義・法の支配」の価値観を同じとする国であって、敵に売る国はない。国が安全保障の一環として行う行為が武器輸出の基本で、そ

（7） Exclusive: DRDO is opening its doors to private players GOCO-model allows DRDO to delegate routine tasks, allowing it to focus on research By Pradip R Sagar, Updated: October 07, 2021 (https://www.theweek.in/news/india/2021/10/07/exclusive-drdo-is-opening-its-doors-to-private-players.html)

（8） オーベィ議員が反対の法案（Obey Amendment）を提出した。

のために民間の力を活用することになる。

つまり、武器輸出は防衛事業の拡大や企業が儲けるために行うものではなく、国家安全保障のために行う国家事業なのである。この認識を忘れないようにしたい。

○輸出を推進するための課題

輸出バージョン

輸出を許可する輸出バージョンについては、輸出型式を定める制度が必要ではないか。自衛隊が購入する型式ではなく輸出の型式を国として定め、それを輸出する。そのなかで、モノは提供するが、特別に指定した技術は開示しないとの方針も必要であろう。そうすればブラックボックスを作る技術開発、マニュアルの英文化などを国の管理の下で進めることができる。さらに運用のための訓練支援は自衛隊が行うのだということも認識しておく必要がある。

輸出のマーケティング

日本の防衛装備品を海外に知ってもらうために、日本主催の防衛装備展示会の国内開催を考えてはどうか。展示会開催にあたっては防衛特有の問題があるので、各社の展示場所に官側が立ち合うことや、民間企業が話してよいことの指針・基準を明確にするなども考慮すべきである。

○その他の課題

武器輸出管理の一元化のため米国ＩＴＡＲのような制度の策定、装備品開発にあたりＮＡＴＯスタンダードの適用、新規ベンチャー企業等の参加支援[9]、資金の貸し付け、装備品等契約における秘密の保全措置など、まだまだ多くの課題がある。これらを一つひとつ丁寧に解決していくことが求められる。

6．競争相手は国内でなく国際市場

１９９０年代、ソ連崩壊、冷戦構造消滅によって米国の国防予算が減少したことから国防省主導による大規模な産業再編が行われ、巨大企業が現出した[10]。

今、安全保障環境が大きく変化し、１９９０年代と異なり世界の国防費が拡大していくなかで、

(9) 豪州には防衛への新規参入を支援する専門会社がある。SME Gateway 社（http://www.smegateway.com.au/）。

(10) １９９３年、民主党クリントン政権において米国政府は「合衆国防衛産業基盤の統合（Consolidation of the U.S. Defense Industrial Base）」方針を出し、ペリー国防次官（後に国防長官）は軍需産業のトップを集めた夕食会で、いつまでもたくさんの国防産業を維持できないと述べ、軍需産業の再編を促した。後にこの夕食会は国防産業における「最後の晩餐（the Last Supper）」と呼ばれている。

国際競争力を見据え日本の防衛事業規模を大きくするための産業再編を考える時期に来ているのではないか。

7．防衛技術研究開発

○1958年・米国DARPA設立

米国は1957年、ソ連による人類初の人工衛星スプートニク打上げにショックを受け、技術開発の重要性を認識し、1958年にDARPA（Defense Advanced Research Projects Agency：国防高等研究計画局）を設立して、国家として先端技術開発に力を入れてきた。

DARPAの目標は「戦略的なサプライズを避け、むしろ産み出す」ことである。そのため3つのキーエリアとして①米国を宇宙に、②核実験の探知能力、③ミサイル防衛を取り上げ、技術革新を推進した。さらにDARPAチャレンジ（自動運転、ロボティクス、サイバー、感染予防など）[11]を行い、広く技術を集めることで先端技術開発を推進している。

DARPAの基本的な考え方は「失敗からやってはいけないことを学ぶ（DARPA failure; learn things not to do.）[12]」という真摯な態度である。

21世紀に入り民間における先端技術の目覚ましい発展を受け、米国は「防衛イノベーションイニシアチブDII（Defense Innovation Initiative）[13]」プログラムを策定し「イノベーションは民間から」との認識の下、民間からの技術活用を推進している。そのためにＤＩＵ（Defense Innovation Unit）[14]オフィスを米国３カ所に設立し、シリコンバレーなどのスタートアップ企業の技術発掘に努めている。

ＤＩＵは民間企業が独自に行った研究成果の買い取り、つまり企業の成果に後付けで研究開発費を出すという仕組みをつくり、最先端技術の早期採用を推進している。

米国が注目している先端技術はバイオ、量子、ＡＩ（人工知能）、マテリアル、宇宙技術、ＨＭＩ（Human Machine Interface）などの他に、防衛関係ではダイレクトエネルギー、極超音速、センサとサイバーなど多種多様である[15]。

宇宙利用においては、スペースＸ社の低軌道通信衛星コンステレーションのスターリンクがウクライナの戦闘行動に直接役立っている。まさにデュアルユースの典型である。

（11）ＤＡＲＰＡチャレンジプログラムの特徴は、①ある課題について、幅広いアプローチを募集する、②ただし、具体的な手法は指定しない、③課題達成の段階に応じて賞金を与える。賞金により、それまで参加しなかったようなグループや個人が参加するようになる。

（12）米国ＯＵＳＤ（Office of Under Secretary of Defense）から聴取。

（13）Defense Innovation Initiative (DII)（https://defenseinnovationmarketplace.dtic.mil/innovation/dii/）

（14）Defense Innovation Unit (DIU)（https://www.diu.mil/）

（15）CRITICAL TECHNOLOGY AREAS（USD〈R&E〉）（https://www.cto.mil/usdre-strat-vision-critical-tech-areas/）

○日本版DARPA

防衛装備庁は2015年度から「安全保障技術研究推進制度（防衛省ファンディング）」を実施し基礎科学へ研究資金を出し、現在、年間約100億円の規模となっている[16]。

日本では「防衛省ファンディング」に反対し、中国の研究には協力するという研究者がいる。中国は「軍民融合」を標榜し、民間技術を軍事に転用すると宣言しているにもかかわらず、日本の防衛技術には協力せず、なぜ中国に協力できるのか疑問とせざるを得ない。

「安全保障技術研究推進制度」は基礎研究へのファンディングであり、成果は一般に公開される。これを使える装備品にしていくためには、イノベーションの「死の谷」を越えなければならない。防衛装備庁は2024年10月に日本版DARPAとでも呼ぶべき新研究機関「防衛イノベーション科学技術研究所」を設立し、DARPA的アプローチ、DIU的アプローチを採用することを目指している[17]。まさにイノベーションの「死の谷」を越えるための支援を担うものと思われる。

8. まとめ

2022年12月、日本は国家安全保障政策を大転換した。「防衛産業は防衛力の一部」とした今、防衛産業の在り方が変わるときである。

武器輸出三原則の運用基準の見直しにより今まで不可能だったライセンス生産品の逆輸出が可能になり、国際共同生産への参画が可能になってきた。防衛装備移転は、友好国との関係を強化する国家事業であり、民間独自の事業ではない。

日本の次期戦闘機（F－X）は英国、イタリアとの国際共同開発プロジェクトとして始まった。これを機に国際共同の新しい世界が開けはじめた。

同時に、自国技術があることが国際共同開発の必要条件である。国際共同開発は自国に技術があってこそ参画できる。つまり、「技術は技術で買うんだ」との認識をもって自国技術を育成し、国際共同開発に臨むべきである。

防衛産業が健全に発展し、誇りをもって事業を行っていくには、会社内での事業シェアを大きくしていくことが必要ではないか。会社のホームページに武器事業を載せているかどうかが、その会社の防衛製品取り組み姿勢のバロメータと言えよう。

さらに国際的競争力を増していくためには、ある程度の企業の規模が必要であり、産業再編の必要性も検討すべきである。

（16）安全保障技術研究推進制度【令和5年度予算額】(https://www.mod.go.jp/j/////policy/hyouka/rev_suishin/r05/pdf/r05_gaiyoushiryou_01.pdf)
（17）防衛イノベーション科学技術研究所（防衛装備庁）(https://www.mod.go.jp/atla/disti.html#)

防衛産業に従事している人たちには、我々は国のためにやっているという誇りを持って、誰の前でも私は防衛産業で働いていると言える気概を持ってほしい。そのためには国民の理解も欠かせない。

それが、真に「防衛産業はいわば防衛力そのもの」となることだと思う。これが日本としてのプリンシパルであってほしい。

【参考文献】

・SIPRI The SIPRI Top 100 arms-producing and military services companies in the world, 2022（https://www.sipri.org/databases/armsindustry）
・防衛省『防衛白書』各年版
・令和５年２月防衛装備庁資料
・「２０２２年経済構造実態調査」２０２３（令和５）年12月25日 総務省・経済産業省（https://www.stat.go.jp/data/kkj/kekka/pdf/2022gaiyo4.pdf）
・我が国の防衛と予算 令和５年度予算の概要（https://www.mod.go.jp/j/yosan/yosan_gaiyo/2023/yosan_20220831.pdf）

論点
11

国家安全保障を支えるために、国民にはどのような意識が必要か

元陸上自衛隊東北方面総監
松村五郎

POINT

認知空間においてハイブリッド脅威が行使される現代の国際安全保障環境において、国連憲章が掲げる「国家主権の平等」と「人権と基本的自由の尊重」を真に守ろうとする日本のような国が国家安全保障を達成するためには、これらの価値にコミットしたうえで軍事力をどう使うかに関して国民のコンセンサスを形成すべく、平素から国民の間で冷静な議論を重ねておくことが重要である。

国家安全保障を支えるために不可欠な国民の意識として、真っ先に言及されることが多いのは、「愛国心」という言葉であろう。しかし、戦争が各国の権益確保のための正当手段であった時代とは異なり、現代の国際社会において国家の安全と繁栄を確保していくうえで必要な「愛国心」とは、単に自分が生まれた国を愛するという素朴な感情のみで論じきれるものではない。

日本政府がロシアのウクライナ侵略にあたってウクライナ政府を支援し続けているのは、それがひいては日本の安全保障に関わることだからとしても、直ちに直接的なつながりがあるわけではない。そこには、日本が今後その安全と繁栄を確保していくために、どのような国際環境を築いていくべきなのかという問題意識がある。

これを国民レベルで支えていくためには、日本国民にはどのような意識が必要なのか。本章では、この点について、軍事・非軍事の各種ハイブリッド脅威への対応が大きな意味を持つ現代の国際安全保障環境を踏まえたうえで考えてみたい。

1. ハイブリッド脅威への対応

○知られざる重要な言及

2024年7月9日から11日にかけて、ワシントンD.C.において、北大西洋条約機構（NATO）首脳会議が行われ、岸田文雄首相（当時）もパートナー国首脳として参加した。ここでは、この会議の集大成として発表された首脳宣言[1]が日本のメディアが報じることがなかった重要な論点に言及していることに注目したい。

それは、NATOが核および通常兵器によって同盟国の抑止と防衛を確実にすることと並んで、敵対国や非国家主体によるハイブリッド脅威に適切に対応していく必要性について述べた部分である。日米首脳共同声明においてハイブリッド脅威という用語が使われることはないが、欧州においては近年ハイブリッド脅威に対する意識が高まっており、NATOの文書でこの用語が使われるのは珍しいことではない。

NATOと欧州共同体(EU)が、それぞれの参加国と共同で、2017年にヘルシンキに設立した欧州ハイブリッド脅威対策センターによる定義では、ハイブリッド脅威とは「標的(となる国や社会)を弱体化又は棄損することを目的として、国家または非国家主体が、公然・非公然の軍事的及び非軍事的手段を組み合わせて行う活動」のことを指す[2]。

NATO首脳宣言で指摘されているその具体的活動の例としては、破壊工作、暴力的行動、国境における挑発行動、非正規移民の道具としての利用、サイバー活動、電子妨害、偽情報キャンペーン、悪意ある政治的影響力行使、経済的強制などがある。

○ポイントは社会の強靭性強化

このようにハイブリッド脅威には軍事的手段も含まれているが、その使用目的は相手国軍隊の撃破ではなく、軍事的手段によってインフラを破壊したり、軍事力を誇示したりすることによって、相手国の国民に恐怖心を与え、恫喝することにある。

これを、相手の社会的弱点を利用した政治工作、サイバー攻撃、偽情報拡散、経済的揺さぶりなどの非軍事的手段と組み合わせて用いることにより、相手国政府の指導者に自国の意思を強要することが、その目的なのである(3)。また、間接的に相手国に影響を与えるため、ハイブリッド手段が第三国や国際世論に対して用いられることもある。

現代においては、物理空間での破壊能力に対する抑止および防衛のために軍事力を整備すると同時に、軍事・非軍事のハイブリッド脅威に対して認知空間での強制を受けないよう対処する能力を強化していかなくては、国家の安全保障は達成できない。

このためＮＡＴＯ首脳宣言も強調しているのが、加盟各国の社会の脆弱性低下＝強靭性強化である。ハイブリッド脅威は、民族・宗教・文化などでの国民意識の亀裂や、経済問題、政治不信、

（1） "Washington Summit Declaration issued by the NATO Heads of State and Government participating in the meeting of the North Atlantic Council in Washington, D.C. 10 July 2024" (https://www.nato.int/cps/en/natohq/official_texts_227678.htm)（２０２４年7月29日最終閲覧）

（2） https://www.hybridcoe.fi/hybrid-threats/（２０２４年7月29日最終閲覧）

（3） 詳しくは、松村五郎「ハイブリッド戦争の本質的メカニズム――軍事・非軍事の諸手段を最終目的に結びつける『認知レベルでの戦い』」（２０２３年10月11日、中曽根平和研究所）(https://www.npi.or.jp/research/data/npi_research_note_matsumura_20231011.pdf) を参照されたい。

社会不安など、対象国の社会が持っている潜在的な脆弱性をターゲットとして攻撃することにより、その目的を達成しようとする。したがって、付け込まれる隙となるような脆弱性を未然に減じて社会の強靭性を強化することが、重要なのである。

○戦略的コミュニケーションへの取り組み

またハイブリッド脅威に対して受け身で対策を講じるだけでなく、こちらから積極的に認知空間での戦いに打って出ることも必要であり、これは戦略的コミュニケーションと呼ばれている。コミュニケーションと言っても、単に情報を発信することにとどまらず、実際に軍の行動や経済政策などの各種の措置をとることによって、こちら側の意思を明確に示して国内外の認知空間に影響を与えるというものである。

この戦略的コミュニケーションという概念は、欧米の民主主義国で生まれた考え方であるので、ロシアが盛んに実施している偽情報の拡散のように、正しい情報の共有を前提とする民主主義の理念に反する手法は実施しない。そしてさらに言えば、戦略的コミュニケーションは、ハイブリッド脅威に対抗するための単なる手法であるにとどまらず、それ自体が民主主義の価値を体現し、高める行為であるとの議論もＮＡＴＯ内で行われている。(4)

それは何故かと言えば、物理空間での破壊行為としての戦争行為自体は、もともと価値中立的なものであったのに対し、認知空間でのハイブリッドな戦いは、人々の頭の中の認知空間での優位を目指すものである以上、自由や人権などの民主的価値に対する評価と無縁ではいられないからである。

2. 戦争違法化時代を支える国際的価値観

○国連憲章の誕生

1625年に、「国際法の父」と呼ばれるオランダの法学者、グロティウスが『戦争と平和の法』を出版し、1648年にウェストファリア条約によって欧州で長年続いた宗教戦争（三十年戦争）に終止符が打たれた頃から、「戦争は国際社会において国家間の係争に最終の決を下す裁判の代替手段である」との無差別戦争観に基づいて国家間戦争が戦われる時代が始まった。

第2次世界大戦まで続いたこの考え方の下では、次第に苛烈になる戦争の現実のなかで、人道的配慮を求める国際人道法こそ発達してきたものの、海外権益のために戦うこと自体は国家の権利だと考えられてきた。したがって各国は、国民の自国への愛国的な感情を拠りどころとして戦

（4） Understanding Strategic Communications, NATO Strategic Communications Centre of Excellence Terminology Working Group Publication No. 3 (2023)（https://stratcomcoe.org/publications/understanding-strategic-communications-nato-strategic-communications-centre-of-excellence-terminology-working-group-publication-no-3/285）（2024年7月29日最終閲覧）

争を遂行した。双方の国民は、互いに自国に対する愛国心という価値の下に戦っていたのであり、ある意味でその価値観は一致していた。

1928年にパリ不戦条約が結ばれ、国家間の問題を武力によって解決することは違法であるとの考え方が国際的に是認されるようになったが、実際にその考え方が定着するまでには、第2次世界大戦後の国際連合の成立を待たなくてはならなかった。

国連憲章は、国家の武力による威嚇または武力の行使を禁止し、これに違反する国に対する安保理決議に基づく行動と、それが間に合わない場合の自衛以外の武力行使を禁じたのである。すなわち、各国は国連憲章に示された共通の価値を認めたうえで、戦争という手段によって自国の利益を確保することは、その価値観に反する行為であることに合意した。国連憲章に示された共通の価値とは、「国家主権の平等」とすべての人々の「人権及び基本的自由の尊重」である。(5)

それにもかかわらず、国家を統制する権力が存在しない国際社会においては、国連憲章の理念を建前としては認めつつも、様々な口実をつけて自国の主張を通すために武力を行使する国があるのは事実である。

しかしその結果生じた戦争において、無差別戦争観の時代のように自国の権益を至上の価値として主張することはもはや許されない。関係各国はもちろん、行使国の国民にも、国際的に認められた共通価値を基準として、自国政府の行動が正当なものであるか否かを判断することが求められる。

したがって当該政府は、自国の行動が「国家主権の平等」と「人権及び基本的自由の尊重」という共通価値に基づくものであることを、国内外に向かって訴えることが必要となる。日本を含む民主的な国々が、これらの価値を信じて主張するのは当然であるが、ロシアや中国などの強権的な体制をとる国家も、自国にとって都合の良い理屈を構成しつつ、この原則そのものは認めざるを得ないのである。

○武力行使のハードル上昇の影響

このように、国家間の係争を戦争によって解決しようとすることは違法であるとの認識が広く国際的に受け入れられたことにより、国家にとって武力行使のハードルは非常に高くなった。国家間の係争は、二国間協議や国際機関を通じた解決に委ねられることになったが、このようなルールに従わず、直接の武力行使を慎重に避けつつ、軍事・政治・外交面での威嚇や利益誘導、さらには非公然の介入や情報操作によって、他国に自国の意思を強要しようとする企てが目立つようになってきた。

また、技術の発達に伴って各国社会が宇宙・サイバー・電磁波などのインフラに依存するようになり、従来の軍事手段以外の方法でこれらが脅かされる恐れが生じてきたこと、また偽情報拡

(5) 国連憲章第1条

図11-1　ハイブリッド脅威行使の経路

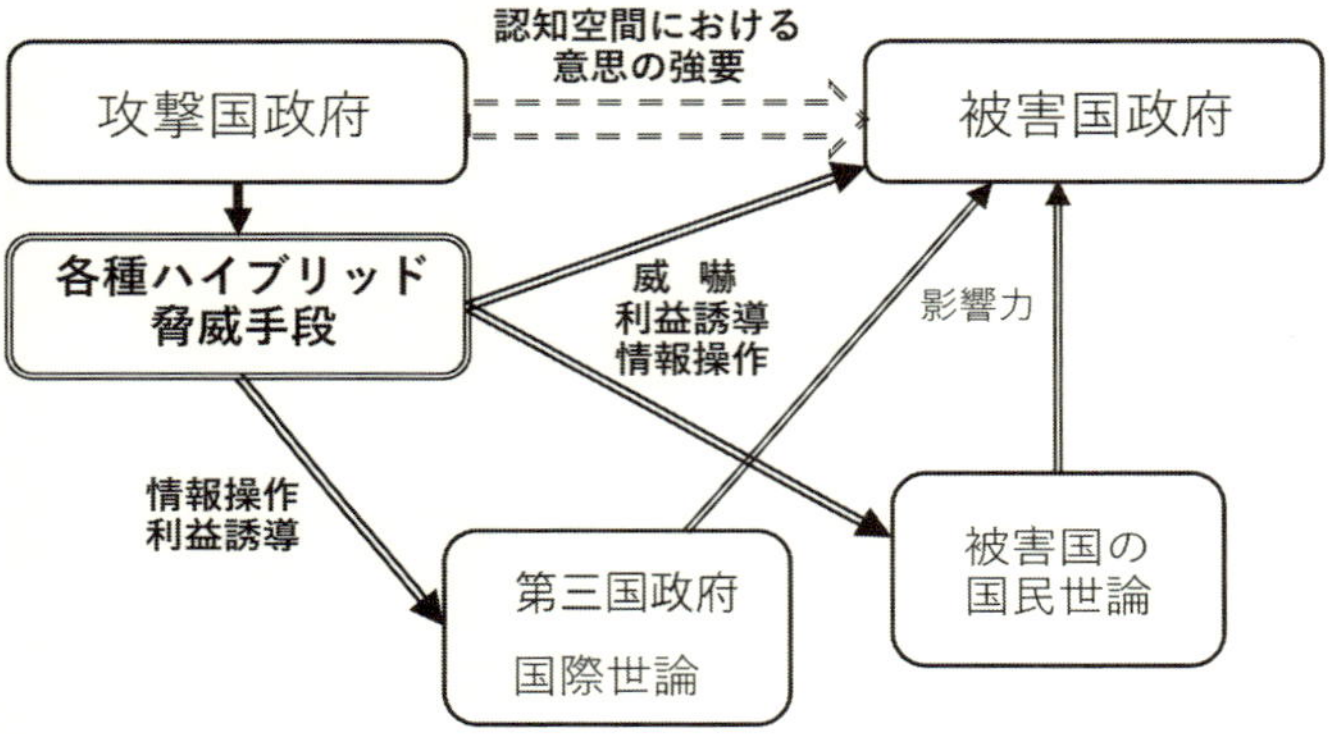

（出所）著者作成

散など情報操作技術も高度化したことにより、正面切った武力行使のハードル以下でのハイブリッド脅威による強制的な影響力行使が、国際安全保障上の問題として大きく表面化してきたのである。

また、戦争違法化の考え方が世界に根付いているなかでも、あえて武力の行使に至った国は、自衛の権利を拡大解釈するなど、何とかその正当性を主張して国内外で支持を得る必要がある。その強引な主張への同意を各国に強要するためにも、情報操作や利益誘導などのハイブリッド脅威が行使されるようになってきている（図11－1）。

民主的な価値を信奉する日本のような国としては、国連憲章が掲げる価値が不当な理屈によって捻じ曲げられることなく、真にこれが実現されるように、認知空間を舞台としたハイブリッド脅威に適切に対抗していく必要が出てきたのである。

3. ハイブリッド脅威に対する脆弱性と強靭性

○狙われる様々な脆弱性

国連憲章に基づいて国連に加盟しているはずの国であっても、「人権及び基本的自由の尊重」に関して異なる考えを持ち、自国内で表現や結社の自由を大きく制限しているロシアや中国のような国がある。そのような国は、自国の政策を正当化するために、人権に関する独自の解釈や歴史的に自国は特別であるとするナラティブを国内外に広めつつ、それを認めさせるためにハイブリッド脅威を行使する。

その際に有力な手段となるのが、相手国が抱える様々な国内の脆弱性の利用である。具体的には、他国への経済的依存、社会インフラの強靭性の不足、民族・宗教・文化などに起因する国内対立、政治や行政の弱点、情報空間におけるルールの未整備などが考えられる。これらの脆弱性に付け込んで、相手国民の認知空間に影響力を及ぼそうとするのが、各種のハイブリッド脅威の特性なのである。

この際、付け込まれる可能性がある国家の弱点としては、国内産業・貿易・金融などの経済分野、エネルギー・通信・サイバーなどのインフラ分野、政治・外交・行政分野など様々なものがある。ここでは、本章の主題である国民の意識という分野に焦点を絞って考えてみたい。

欧州などにおいて既に問題になっているように、国民のなかに民族や宗教などに起因する対立がある場合、この対立を煽って政府を弱体化させたり、社会を不安定化させたりすることは、有力なハイブリッド手段となり得る。そのなかでも特に移民問題は、今まで安定していた社会に新たな民族・宗教・文化の対立をもたらす可能性があり、移民の犯罪に関する偽情報が流布されるなど、欧米では既に外国による介入の数多くの事例が報告されている(6)。

○国民のコンセンサス形成が必要

強権的な国家であれば、政府と異なる立場の言論を徹底的に弾圧することにより、この脆弱性を封じようとするであろう。しかし、人々の「人権と基本的自由」を尊重する民主的な国においては、様々な異なる意見を自由に表明する権利が保障されたうえで、国民の間で冷静な議論を行うことによって、この脆弱性を克服することが求められる。これは単なる手段ではない。自由な議論を担保すること自体が、国民が守ろうとする自らの国家や社会の重要な要素であり、守るべき価値の一部なのである。

国家として危機的な状況が生起した際には、不安や恐怖のなかで、国民は感情的な議論に流されやすくなる。このような状況こそ、各種のハイブリッド脅威に付け込まれやすい脆弱性を露呈させる。これに対して社会が強靱性を保つためには、危機に陥る前の平素の段階から、国民間で感情論ではない論理的な議論を戦わせ、将来の危機に対応するための一定のコンセンサスを形成しておくことが重要となる。

4．日本の安全保障に不可欠な国民のコンセンサス

○焦点は「自衛隊をどう使うか」

以上のような観点から日本の現状を見た場合、どのように考えることができるだろうか。まずは日本が、国連憲章が掲げる「人権と基本的自由の尊重」という理念を、形式的にではなく実質的に奉じる国であるということから出発する必要がある。これを「民主主義対権威主義」というようなブロック対立的な見方で見るのではなく、日本国憲法の基礎として、国民がよって立つ共通の基盤であるということを明確に自覚することが肝要であろう。

またこれとは別の論点ではあるが、憲法をめぐっては、日本社会で戦後長らく自衛隊が合憲か違憲かという国を挙げての議論が続いてきた。この点について社会的合意が存在しなかったことは、長く日本の安全保障上の脆弱性となり得る社会的亀裂であったが、最近の内閣府の世論調査[7]

（6） G.Giannopoulos, H.Smith, M.Theocharidou（2021）*The Landscape of Hybrid Threats*, European Union and Hybrid CoE, EUR 30585 EN

（7） 内閣府「自衛隊・防衛問題に関する世論調査（令和4年11月調査）」（https://survey.gov-online.go.jp/r04/r04-bouei/ 2024年7月29日最終閲覧）

では、自衛隊に「よい印象」または「どちらかと言えばよい印象」を持っている国民が9割を超えるなど、現時点では自衛隊の存在自体に関しての国民の分断は克服されつつあると見てよいだろう。

それよりも今後国民の間で議論になると考えられるのは、日本の周辺で危機的な事態が生起した場合の自衛隊の使い方であろう。見通し得る将来、日本周辺で生起する可能性が最も高い危機は、中国と台湾の間での事態であると考えられる。そのような事態が生起した場合に、あるいは生起させないような未然の働きかけのなかで、日本が自衛隊をどのように使用するかについて、既に国民の間でコンセンサスが得られているとは思えない。

○台湾支援と自衛隊運用の関係に熟慮が必要

台湾は日本と同じく、「人権と基本的自由の尊重」という価値を実質として重視する社会である。自国内で人権や基本的自由を抑圧している中国政府にとって、ほぼ同民族によって構成される台湾が、その価値の下で繁栄していくことは現体制存続にとって大きな脅威だと捉えられても不思議ではない。これは、ロシアのプーチン大統領が、自身が同民族からなると考えるウクライナが、EU諸国と同様の民主国家として繁栄することを、自らの体制の大きな脅威だと考えて侵攻に踏み切ったこと(8)を考えると、現実味を帯びてくる。

これに対抗して、価値観を同じくする日本がウクライナや台湾を支援することは、日本に対する直接の侵略を防ぐということを超えた、より大きな視点からの安全保障上の意味がある。国連憲章が唱える「人権と基本的自由の尊重」、そしてそれを可能ならしめる「国家主権の平等」の原則の下に国際秩序が保たれることは、日本の安全が保障されるための前提条件だというのが、現代国際社会の現実だからである。

ただしここで重要なのは、日本が国際社会で「人権と基本的自由の尊重」を訴え、そのために行動するとしても、そのために自衛隊をどのように使うかという判断が自動的に決まるものではないという点である。

日本の領土や主権が侵害された場合に、他の手段がなければ、自衛権を行使して自衛隊による実力行使でこれを排除するのは当然のことである。しかしそれ以外の場合、国連憲章に基づく秩序が破壊されるという事態に臨んで、あるいはそれを未然に防ぐために武力を用いることに関しては、日本のみならずいずれの国であっても、国際法上、またその国の政策上、慎重な判断が必要となる。今ウクライナを支援している欧米諸国が直接の武力を控えているのは、まさにこの慎重な判断によるものであろう。

---

(8) この大きな裏付けとなるのが、2022年2月24日の侵攻の約半年前に発表されたプーチン大統領の論考「ロシア人とウクライナ人の歴史的一体性について」である(http://en.kremlin.ru/events/president/news/66181、2024年7月29日最終閲覧)。

台湾が危機にさらされた際、日本が台湾を支持するとしても、日本の南西諸島領域と台湾の近接性を考えたとき、日本の領域防衛と台湾支援との間で、自衛隊の運用に関して難しい判断が必要となる。そして、その危機を未然に防止するために今自衛隊をどのような態勢に置くかということと、危機生起後の自衛隊の運用は、当然整合していなくてはならない。

○どのような戦略をとるかの国民のコンセンサスを築く

具体的に述べるならば、米中対立という大きな枠組みのなかで、中国による侵攻を想定した日米台による集団的な台湾防衛およびその抑止に寄与することを主眼として自衛隊の態勢を整えるのか、それとも日本としては南西諸島など日本の領域を断固防衛することを主眼とした防衛態勢をとり、台湾支援は軍事以外で行うのか、それによって自衛隊の防衛力整備も訓練も変わってくる。前者であれば長射程の対地・対艦ミサイルの整備・運用などが大きな意義を持つであろうし、後者であれば住民を含め先島諸島を直接防衛するための手段が重要となろう。

両者のバランスのなかで、実際どのように自衛隊を運用することを想定するのか、そのために平素からどのような態勢を整備するのかに関しては、様々な案や意見があろう。問題は、そのような議論が行われないまま危機が生起し、国内で急激に様々な意見が噴出した際には、感情的な国内対立が激化し、中国によるハイブリッド脅威に付け込まれる脆弱性を自らつくってしまうという点である。

この際、南西諸島の住民と、それ以外の国民の間に亀裂が生まれることも懸念される。これを未然に防ぐためには、危機が生起する以前の平素から冷静な議論を尽くして、危機への具体的な対応策とそのための自衛隊の在り方に関し、国民の間にできる限り幅広くコンセンサスを築いておく努力が重要となる。

5. おわりに

このような議論によって形成される国民の意識とは、無差別戦争観の時代に国民に必要とされた自国のみに対する無条件の愛国心とは異なり、国連憲章の下での「国家主権の平等」と「人権と基本的自由の尊重」という価値に最大限コミットし、そしてその価値を守るため武力不行使原則の下で自衛力をどう運用するかという判断を支える精神的基盤を意味する。そのような国民意識を、平素からの議論によって成熟させていくことが、今求められている。

今自衛隊は、防衛予算の増額だけでは乗り切ることができない多くの問題を抱えている。自衛力を行使する事態において住民の安全を確保できるよう地方自治体を含む他機関とどう連携していくのか、少子高齢社会が進むなかでどのように隊員を確保していくのか、未だに自衛隊に対するアレルギーが残る学術界とどのように連携して最先端技術を防衛に生かしていくのか、輸送や補給などロジスティクスの面で民間業者とどのように協力関係を築いていくのかなど、まさに課題山積である。

これらの問題を解決して日本の安全保障を万全にしていくためには、政府の施策に頼るだけでは不十分であり、国民の間で危機時に自衛隊をどう使うかという議論を真剣に行い、少しずつでもコンセンサスを形成していくことが不可欠である。そしてそのような努力があってこそ、認知空間で行われるハイブリッドな戦いにおいても、日本の強靭性が高まり、日本の安全保障は万全になっていくのである。

【参考文献】

・青井千由紀（2022）『戦略的コミュニケーションと国際政治――新しい安全保障政策の論理』日本経済新聞出版
・志田淳二郎（2021）『ハイブリッド戦争の時代――狙われる民主主義』並木書房
・マーサ・ヌスバウム他（2000）『国を愛するということ――愛国主義の限界をめぐる論争』（辰巳伸知、能川元一訳）人文書院
・オーナ・ハサウェイ、スコット・シャピーロ（2018）『逆転の大戦争史』（野中香方子訳）文藝春秋
・松村五郎（2020）『新しい軍隊――「多様化戦」が軍隊を変える、その時自衛隊は…』内外出版
・柳原正治（2000）『グロティウス』清水書院

論点12

宇宙・サイバー・電磁波領域をどう防衛するか

慶應義塾大学教授 土屋大洋

POINT

宇宙、サイバースペース、電磁波は、既存の作戦領域である陸、海、空に加えて新たな作戦領域として近年認識されつつある。それに伴い、領域横断作戦（クロスドメイン）や多領域作戦（マルチドメイン）が検討され、日本の防衛政策にも影響を与えた。そして、2022年から始まったウクライナ戦争は、新たな戦い方を示した。複雑化する安全保障へ追いついていくための組織、人材、予算等の確保が不可欠である。

1. はじめに──ウサデンの時代

2018年12月に防衛計画の大綱[1]（いわゆる「30大綱」。正式には「平成31年度以降に係る防衛計画の大綱について」）が安倍晋三政権によって閣議決定された際、「ウサデン」という言葉が防衛関係の実務家や有識者の間で使われた。宇宙、サイバー、電磁波の最初の1文字をとって「宇サ電」と並べたことによる。ウサデンが人口に膾炙する言葉となったわけではないが、「30大綱」が取り入れた新しい3つの領域を示す便利な言葉として防衛関係者の間では使われた。

「30大綱」がウサデンを取り入れたのは、米国において宇宙とサイバースペースを新しい安全保障のドメイン（領域）として取り入れる動きが顕在化していたからである。それは、領域横断作戦（クロスドメイン）や多領域作戦（マルチドメイン）の検討へとつながり、日本の防衛政策にも大きな影響を与えた。米国の議論では必ずしも電磁波領域は注目されていなかったが、「30大綱」はあえて電磁波領域を取り上げ、独自色を打ち出した。

そして、2022年2月にロシアがウクライナに侵攻を始め、戦闘が長期化するなかで、ウサ

（1） 防衛省（2019）「平成31年度以降に係る防衛計画の大綱について」（https://www.mod.go.jp/j/policy/agenda/guideline/2019/index.html）、2024年8月12日アクセス。

デンの役割は注目されている。ロシアは物理的な侵攻の1カ月前からウクライナに対してサイバー攻撃を行った。しかし、2014年のロシアによるウクライナ領クリミアの一方的な併合以来、ウクライナは対サイバー戦の準備をしており、ロシアのサイバー攻撃は想定された成果を挙げることができなかった。ウサデンはウクライナ戦争において重要な役割を果たす技術であり、日本の防衛にも重要な示唆を与えている。

ウクライナ戦争の影響を大きく受けて改定された2022年12月の安保関連三文書では、さらにウサデンの役割が強調されている。本章では、3つの領域をどう防衛するかについて論じる。

2. 領域横断作戦、多領域作戦

米軍では2009年ごろから「エアシー・バトル(Air-Sea Battle)」という言葉が使われるようになった。太平洋域での戦争の可能性に鑑み、空と海での作戦活動を連携させることを企図した言葉であった。そうした議論と連動し、2010年に米国防総省が発表した「4年ごとの国防計画見直し(QDR: Quadrennial Defense Review)」では、以下のような記述が見られた。

「(エアシー・バトルの)概念は、米国の行動の自由への増大する挑戦に対抗するため、空と海の軍事力がどのようにすべての作戦領域――空、海、陸、宇宙、サイバースペース――にわたって能力を統合するかについて対処するだろう」[2]

同様の記述はその頃に他の文書でも見られたが、このQDRの記述によって5番目の作戦領域としてサイバースペースが明確に位置づけられたと言えるだろう。それだけでなく、5つの領域を横断的に考える領域横断（クロスドメイン）戦闘の考え方も普及するようになった。それはしばらく後に多領域（マルチドメイン）戦闘という言い方もされるようになった。

そうしたなかで、宇宙やサイバースペース個別の安全保障にも注目が集まるようになった。2010年には、米軍の統合軍の一つである戦略軍（Strategic Command）の下の準統合軍としてサイバー軍（Cyber Command）が設置された。2018年にサイバー軍は、最上位の統合軍に昇格している。

宇宙軍については、ドナルド・トランプ政権下の2019年に、軍種としての宇宙軍（Space Force）と統合軍としての宇宙軍（Space Command）がほぼ同時に設置された。

こうした米軍の動きに連動する形で日本の自衛隊でも変化が見られた。2014年3月にサイ

(2) United States Department of Defense (2010) Quadrennial Defense Review Report, United States Department of Defense (https://dod.defense.gov/Portals/1/features/defenseReviews/QDR/QDR_as_of_29JAN10_1600.pdf), accessed on August 30, 2024, p. 32.

バー防衛隊が編制され、2020年には航空自衛隊に宇宙作戦隊が新編された。

3. 宇宙領域の防衛

宇宙に関係する設備やシステムを大別すれば、宇宙空間に置かれる人工衛星などの人工物、それらを操作・操縦するための地上設備、そして、地上から宇宙、宇宙から地上へと人や物を運ぶ運搬システムである。そして、それらをつなぐのが情報通信システムということになるだろう。

人工衛星や宇宙船の防衛については、地上に近いところではミサイル等による破壊に備えなくてはならない。宇宙空間においては、地上からの対衛星攻撃ミサイルや他の人工衛星による妨害、通信の妨害や傍受のリスクがある。地上設備については、他の重要インフラ設備と同じく、物理的な破壊等のリスクがある。

こうしたリスクから宇宙関連設備・システムを守るために考えられているのは、第一に、規範の整備である。宇宙に関連する国際条約としては、1967年に発効した「月その他の天体を含む宇宙空間の探査及び利用における国家活動を律する原則に関する条約」がある。それに加え、ソフトローと呼ばれる各種の国際文書があり、法的な拘束力はないものの、国際規範と見なされるルールがある。

そうした規範に抵触したとしても何らかの強制力で当該国に罰則や制裁を科すことはできない

が、少なくとも国際場裏で非難にさらされることは覚悟しなくてはならない。それによって危害を加えようとするアクターを抑止・抑制する効果が期待できる。

第二に、危害を加えようとするアクターや行為の監視である。各国の宇宙関連機関は、自国の宇宙活動のみならず、他国の宇宙活動にも目を光らせ、自国の宇宙設備・システムに被害が及ぶことを避けようとしている。人工衛星同士が衝突することがないよう監視することも当然求められる。30大綱においては以下のように記載された。

「平素から、宇宙・サイバー・電磁波の領域において、自衛隊の活動を妨げる行為を未然に防止するために常時継続的に監視し、関連する情報の収集・分析を行う。かかる行為の発生時には、速やかに事象を特定し、被害の局限、被害復旧等を迅速に行う」(3)

また、「関係国との協議や情報共有、多国間演習への積極的な参加等を通じ、宇宙状況監視（SSA）や宇宙システム全体の機能保証等を含めた様々な分野での連携・協力を推進する」(4)との記述もある。宇宙空間には、過去の宇宙活動によって生じた「デブリ」と呼ばれる使用済みの衛星やロケットの破片などが散らばっている。それらが運用中の人工衛星や宇宙船、宇宙飛行士などに当たれば大きな被害につながるため、観測可能なデブリの動きを追いかけることもSSAの重

(3) 防衛省（2019）11頁。
(4) 同、16頁。

図12-1　防衛省の宇宙領域把握（SDA）のイメージ

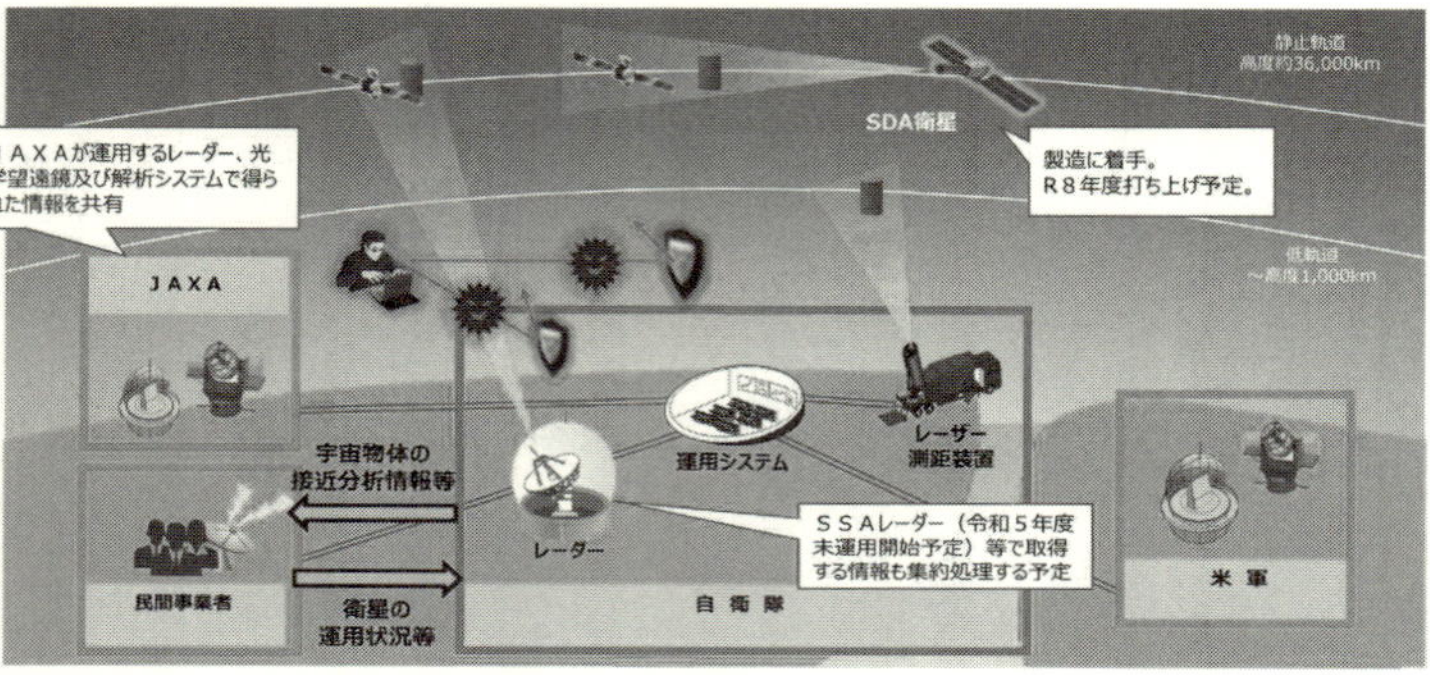

（出所）防衛省「宇宙領域把握（SDA）に関する取組」防衛省〈https://www8.cao.go.jp/space/comittee/27-anpo/anpo-dai58/siryou2.pdf〉、2023年11月28日（2024年８月30日アクセス）

要な任務である。デブリを増やさないよう自国および他国の宇宙活動を監視することも必要である。

２０２２年12月に閣議決定された安保関連三文書のうちの2番目である「国家防衛戦略（防衛計画の大綱から改名）」においては、以下のように記述の深まりが見られる。

「宇宙空間の安定的利用に対する脅威に対応するため、地表及び衛星からの監視能力を整備し、宇宙領域把握（ＳＤＡ）体制を確立するとともに、様々な状況に対応して任務を継続できるように宇宙アセットの抗たん性強化に取り組む。

このため、２０２７年度までに、宇宙を利用して部隊行動に必要不可欠な基盤を整備するとともに、ＳＤＡ能力を強化する。

今後、おおむね10年後までに、宇宙利用の多層化・冗長化や新たな能力の獲得等により、宇宙作戦能力を更に強化する[5]」

宇宙状況監視（ＳＳＡ）が「宇宙物体の位置や軌道等を把握すること（宇宙環境の把握を含む）」という意味であったのに対し、宇宙領域把握（ＳＤＡ）とは「ＳＳＡに加え、宇宙機の運用・利用状況及びその意図や能力を把握すること」[6]とされている（図12－1）。

ＳＳＡを超えるＳＤＡが提唱されたのは、中露による他国の衛星を無力化する攻撃の現実味が増し、デブリに加え、宇宙空間の安定的利用に対する脅威と見なされるようになったからである。そして、「宇宙作戦能力を強化するため、宇宙領域把握（ＳＤＡ）体制の整備を確実に推進し、将官を指揮官とする宇宙領域専門部隊を新編するとともに、航空自衛隊を『航空宇宙自衛隊』とする」ことも発表された[7]。

（5） 防衛省（２０２２a）「国家防衛戦略について（和文）」（https://www.mod.go.jp/j/policy/agenda/guideline/index.html）２０２４年8月30日アクセス、19頁。
（6） 防衛省（２０２３）「宇宙領域把握（ＳＤＡ）に関する取組」（https://www8.cao.go.jp/space/comittee/27-anpo/anpo-dai58/siryou2.pdf）２０２４年8月30日アクセス。
（7） 同。

4．サイバー領域の防衛

○アトリビューション問題

国際法上の武力攻撃に当たるサイバー攻撃の例はそれほど多くないにしても、サイバー犯罪やサイバーエスピオナージ（スパイ活動）を含む多様なサイバー作戦が展開されている。それらは宇宙空間と比べればはるかに多く、すべてを把握することは極めて困難である。特に、密かに行われるサイバー作戦活動は、被害者が気づくのに時間がかかったり、誰が行ったのか分からなかったりする。そのため、サイバー攻撃を抑止できるのかという問題は、学術的にも実践的にも議論の的になっている。

そもそもサイバー攻撃を抑止するためには、誰がサイバー攻撃を企図・実施したのかが分からなければならない。しかし、攻撃者の特定（アトリビューション）は困難であることが多い。これをアトリビューション問題と呼ぶ。

抑止が難しく、被害が発生してからの対応では遅いということもあり、米国では積極的防御（active defense）という考え方が２０１０年ごろから使われた。２０１８年にはトランプ政権下において前方防衛（defend forward）という考え方も国防総省のサイバー戦略のサマリーで示された。それは、「武力紛争のレベルを下回る活動も含めて悪意のあるサイバー活動をその根源で

邪魔し、中止させること」を意味した。(8)

○能動的サイバー防御

日本では、米国流の前方防衛は、憲法第21条や電気通信事業法第4条で規定されている通信の秘密に抵触すると考えられた。また、攻撃者のシステムに侵入し、無害化するなどの行為は、不正アクセス禁止法に抵触すると考えられ、サイバースペースの安全保障においても専守防衛の考え方がとられてきた。

しかし、2022年12月に閣議決定された安保関連三文書の1番目の「国家安全保障戦略」においては、「サイバー空間の安全かつ安定した利用、特に国や重要インフラ等の安全等を確保するために、サイバー安全保障分野での対応能力を欧米主要国と同等以上に向上させる(9)」ことが明記された。そして、サイバー攻撃の被害を未然に排除し、被害の拡大を防止するために能動的サイバー防御を導入すると書かれた。

---

(8) United States Department of Defense (2018) Cyber Strategy (Summary), United States Department of Defense (https://media.defense.gov/2018/Sep/18/2002041658/-1/-1/1/CYBER_STRATEGY_SUMMARY_FINAL.PDF), accessed on August 30, 2024

(9) 防衛省（2022b）「国家安全保障戦略について（和文）」(https://www.mod.go.jp/j/policy/agenda/guideline/index.html) 2024年8月30日アクセス、21頁。

能動的サイバー防御が何を意味するのかは、必ずしもはっきりしない。前述の米国防総省の前方防衛そのものであるという場合もあれば、日本独自のものと見る場合もある。さかのぼってみれば、2010年5月に政府の情報セキュリティ政策会議が「国民を守る情報セキュリティ戦略」を発表しており、そのなかで「受動的な情報セキュリティ対策から能動的な情報セキュリティ対策へ」という小見出しがあり、「受動的な情報セキュリティ対策から、各主体が能動的に取組を進められる体制の実現を目指す」と書かれている。[10] しかし、ここでの記述よりも2022年の国家安全保障戦略では一層能動的な手段が想定されていると見るべきだろう。

2022年12月の国家安全保障戦略は、以下の(ア)(イ)(ウ)について検討すると述べている。

「(ア) 重要インフラ分野を含め、民間事業者等がサイバー攻撃を受けた場合等の政府への情報共有や、政府から民間事業者等への対処調整、支援等の取組を強化するなどの取組を進める。

(イ) 国内の通信事業者が役務提供する通信に係る情報を活用し、攻撃者による悪用が疑われるサーバ等を検知するために、所要の取組を進める。

(ウ) 国、重要インフラ等に対する安全保障上の懸念を生じさせる重大なサイバー攻撃について、可能な限り未然に攻撃者のサーバ等への侵入・無害化ができるよう、政府に対し必要な権限が付与されるようにする」[11]

図12－２　能動的サイバー防御のイメージ

「国民生活の基盤をなす経済活動」や「社会の安定性」をサイバー攻撃から守るため、
能動的なサイバー防御を実施する体制を整備する。

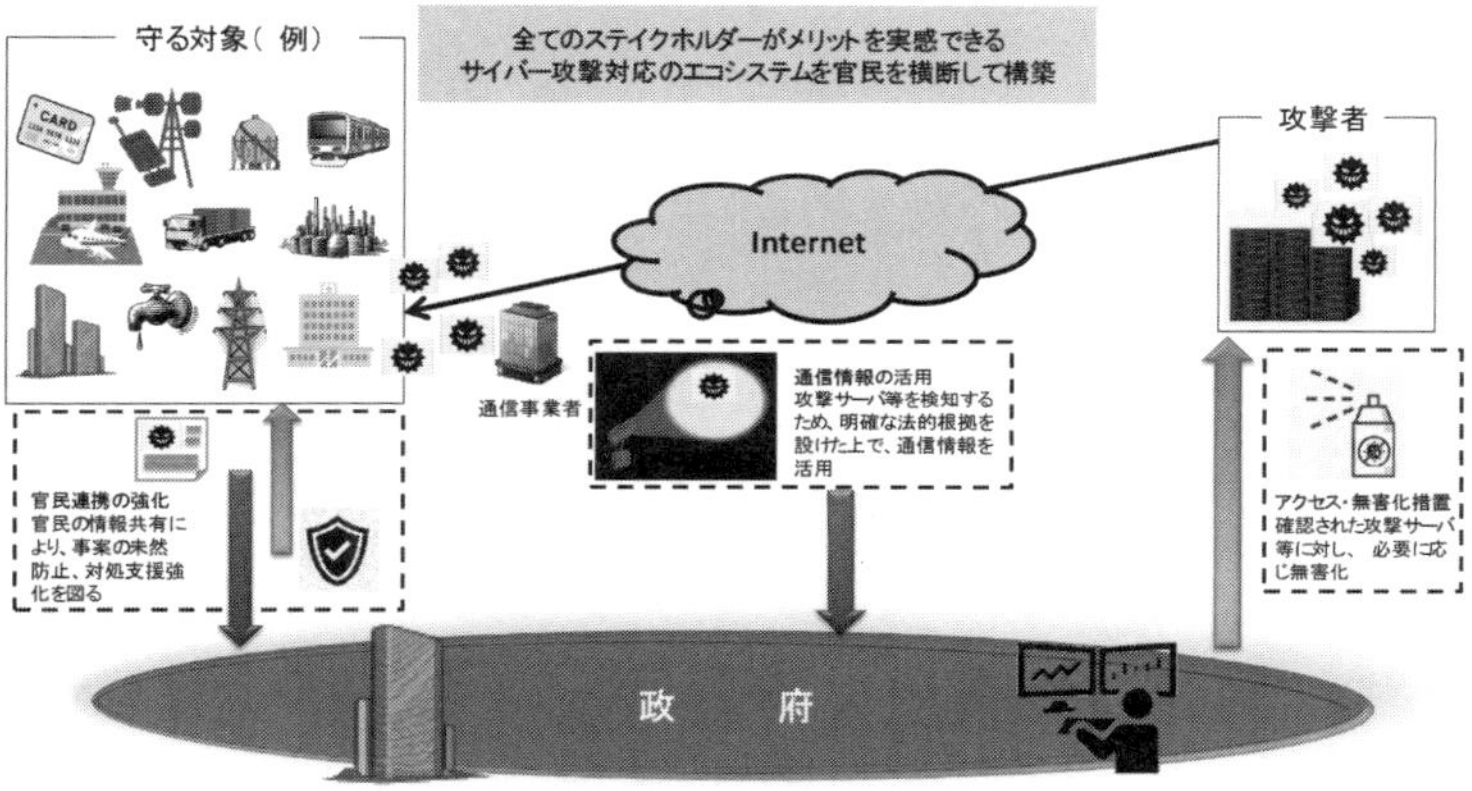

（出所）内閣官房「サイバー安全保障分野での対応能力の向上に向けた有識者会議　第１回 令和６年６月７日　資 料３」内 閣 官 房〈https://www.cas.go.jp/jp/seisaku/cyber_anzen_hosyo/dai１/siryou3.pdf〉、2024年６月７日（2024年８月30日アクセス）

２０２３年６月の報道では、これらを検討するための有識者会議が23年夏中に開始される見込みとされたが、実際に有識者会議が始まったのはそれから１年近く遅れた24年６月７日であった[12]。そこでは、（ア）は官民連携、（イ）は通信情報の活用、（ウ）はアクセス・無害化と略称され、検討が行われた（図12－２）。同時に、与党自民党でも検討が進められ、有識者会議での検討と合わせて２０２５年１月以降に法案が提出される見込みである。能動的サイバー防御が実現すれば、未然にサイバー攻撃を阻止し、日本の重要インフラ等を狙うサイバー攻撃を抑制する能力が高まることが期待される。

5．電磁波領域の防衛

2018年12月に閣議決定された「30大綱」において、「宇宙・サイバー・電磁波といった新たな領域については、日本としての優位性を獲得することが死活的に重要となっており、陸・海・空という従来の区分に依拠した発想から完全に脱却し、全ての領域を横断的に連携させた新たな防衛力の構築に向け、従来とは抜本的に異なる速度で変革を図っていく必要がある」と記載され[13]、陸、海、空、宇宙、サイバースペースに加え、第6の作戦領域として電磁波が加えられたと見ることができる。

しかし、電磁波を活用することは繰り返し言及されているが、それを守るべき領域として捉えた記述は多くない。例えば、「相手からの電磁波領域における妨害等に際して、その効果を局限する能力等を向上させる」という記述が見られるぐらいである[14]。

さらに、2022年12月の「国家防衛戦略」においては、領域横断作戦能力の項目において、以下の記述が見られる。

「(3) 電磁波領域においては、相手方からの通信妨害等の厳しい電磁波環境の中においても、自衛隊の電子戦及びその支援能力を有効に機能させ、相手によるこれらの作戦遂行能力を低下させる。また、電磁波の管理機能を強化し、自衛隊全体でより効率的に電磁波を活用する。

（4）宇宙・サイバー・電磁波の領域において、相手方の利用を妨げ、又は無力化するために必要な能力を拡充していく[15]」

それほど詳しい記述とは言えないものの、2022年2月に始まったウクライナ戦争において電子戦、電磁戦が展開され、ロシアとウクライナの双方で通信妨害が行われていることを反映していると見ることができる。

平時においては、多くの国で電波利用の際には免許を政府から得ることが求められる。その免許においては、電波利用者は、目的、周波数、出力、方向等の制約を受ける。目的外の使用をしたり、異なる周波数を用いたり、必要以上に強い出力で電波を発することは許されない。しかし、戦時においては自軍の電波利用は敵軍の妨害電波によって使えなくされたり、傍受されたりするリスクを想定しなくてはならない。また、逆に敵軍の電波利用を妨害するためには専用の装置を積載した陸上用車両、船舶、航空機等を使う必要がある。さらには、人工衛星の通信が妨害・傍

（10）情報セキュリティ政策会議（2010）「国民を守る情報セキュリティ戦略」情報セキュリティ政策会議（https://www.nisc.go.jp/pdf/policy/kihon-s/senryaku.pdf）2024年8月30日アクセス。
（11）防衛省（2022b）21－22頁。
（12）正式には「サイバー安全保障分野での対応能力の向上に向けた有識者会議」である。
（13）防衛省（2018）2頁。
（14）同、18頁。
（15）防衛省（2022a）20頁。

受されたり、逆にそうしたことを行ったりするための装備が必要になるだろう。

平時においては、陸上と海底において光ファイバーが入ったケーブルが多用されている。光ファイバーが送受信できる通信容量は無線通信に比して莫大である。それ故に、戦時においては、そうしたケーブルが陸上や海底で切断される可能性が高い。はるかに通信容量が少なかった第1次世界大戦時や第2次世界大戦時のケーブルも各所で切断された。現代の光ファイバーの通信を人工衛星等で代替するのは不可能である。そうした場合、軍事通信や政府通信を優先的に確保するなどの対策が必要であり、そのための準備は平時から行われなければならない。

6. おわりに

いわゆる「ウサデン」は、従来の陸、海、空に加えて新たな作戦領域として近年認識されるようになったばかりであり、その防衛策は未だ途上である。ウサデンを使って新たな作戦活動、特に領域横断作戦が想定される一方で、それらに自由にアクセスすることができなくなれば、自らの作戦能力を著しく下げ、被害を拡大させる可能性がある。

本章では、2018年の「防衛計画の大綱」、22年の「国家安全保障戦略」および「国家防衛戦略」の記述を追いかけながら、日本の防衛省・自衛隊の取り組みを見てきた。それらの文書の性格上、詳細な説明がされるものではなく、また、自らの手の内を明かすことが脆弱性を高める可能性もある。そのため、実際のところ、どのような手法がとられるのかは必ずしも明らかではない。

しかし、2022年から始まったウクライナにおけるロシアとの戦争は、新たな戦い方を示し、それに対する備えが必要なことを如実に示している。2022年の日本の安保関連三文書はそうした必要に答えるために出された一時的な回答であり、大幅に増額された防衛費を使ってウサデン防衛のための施策が練られ、装備等の拡充が進められるだろう。

また、そうした施策や装備が調えられた頃には、また新たな技術が登場し、それへの対応が求められることになるだろう。新たな技術はしばしばゲームチェンジャーと呼ばれることがあるが、サイバー攻撃などはすぐさまそれへの対応がとられ、すぐに無力化されることもある。しかし逆に、長らく攻撃の存在に気づくことすらできない場合もある。複雑化する安全保障へ追いついていける組織、人材、予算等の確保が不可欠である。

【参考文献】

- 土屋大洋（2016）『暴露の世紀――国家を揺るがすサイバーテロリズム』角川新書
- ――（2020）『サイバーグレートゲーム――政治・経済・技術とデータをめぐる地政学』千倉書房
- 福島康仁（2020）『宇宙と安全保障――軍事利用の潮流とガバナンスの模索』千倉書房

論点
13

気候変動による施設・装備・運用への影響にどう対処するか

京都大学教授
関山健

POINT

気候変動は、軍の施設、装備、運用に直接的あるいは間接的に影響し得る。主要国の中でこれに最も積極的に対応しようとしているのが米国だ。中国とロシアも、気候変動によって自国が直面するリスクとチャンスには敏感である。特に北極海は、ロシア、中国、米国の思惑が交錯し、緊張が高まりつつある。日本も危機意識を高め、具体的な取り組みを積み重ねる必要があろう。

軍の装備、施設、運用は、海、川、森、林といった地理的条件や雨、嵐、寒波といった気象条件から大きな影響を受ける。したがって、こうした環境条件を考慮に入れることは、『三国志』のハイライト「赤壁の戦い」の故事にも見られる通り、古くから軍事作戦の基本の一つであった。また、軍隊は、その作戦中に戦術的な目的で自然環境を変化させたり破壊したりもしてきた。現代の顕著な例としては、ベトナム戦争における枯葉剤の広範な使用、湾岸戦争時の油井への放火が挙げられる。ほかにも、核兵器、化学兵器、生物兵器など、環境に著しい負荷を与える兵器は数多ある。

こうした軍事と環境との関係は、近年、気候変動により新たな課題に直面しつつある。そこで本章では、関連の学術文献や報告書のレビューにより気候変動が軍や安全保障に与える影響を考察するとともに、米国、中国、ロシアそして日本がそれにどう対応しようとしているのか政府文書等に基づき確認する。

1. 気候変動と軍事との関連

○軍の施設、装備、兵員への影響

軍事と気候変動は、主に3つの経路でつながっている。第一に、気象条件の変化、海面の上昇、その他の環境変化が、軍の施設や装備あるいは兵員の健康に直接影響を与える経路である。

基地の浸水や地盤軟化

気候変動による軍事インフラや施設への影響としては、海面上昇、暴風雨の激甚化、あるいは永久凍土の融解などによって、軍事施設が被害を受ける事態が危惧されている。

例えば米国では、バージニア州のノーフォーク海軍基地やサウスカロライナ州パリスアイランド海兵隊新兵訓練所が浸水リスクに直面しており、その存続が危ぶまれている。また、2020年には、ハリケーン「サリー」がフロリダのペンサコーラ海軍航空基地で600以上の施設に被害を与えた（Department of the Navy, 2022）。また、2018年には、グアムの米軍基地を襲った激しい暴風雨により、KC－135空中給油・輸送機が多数被害を受けたほか、戦闘機26機が予防措置として日本の基地に避難している（Stoetman et al., 2023）。

中国でも、海南省や江蘇省の沿岸部にある軍事基地が海面上昇により潜在的な水没リスクにさらされている（Corbett & Singer, 2022）。一方、ロシアのような極地の国では、永久凍土の融解が軍事基地やエネルギー施設の地盤に影響を及ぼすことが危惧されている（e.g. Presidential Executive Office, 2019）。

戦闘機や潜水艦の性能低下

気候変動は戦闘機や潜水艦などの性能にも影響し得る。例えば、温暖化によって空気の密度が低くなると、戦闘機やプロペラ機の翼が生み出す揚力が小さくなったり、エンジンが吸入する酸素が薄くなって出力が落ちたりすると考えられる（McRae et al., 2021）。また、潜水艦の探知は水中を伝わる音を頼りになされるが、気候変動によって海水の温度や塩分濃度などが変化すると、水中音が伝わりにくくなるとされる。その結果、南シナ海のようにもともと温かい海では影響が少ないが、北大西洋や日本海などでは潜水艦の探知が難しくなると予想されている（Gilli et al., 2024）。

健康リスク

また、兵員の健康や軍の医療体制に気候変動がもたらす影響もあり得る。既存の研究や報告書で指摘されているのは、例えば猛暑による熱中症の発生や認知能力の低下、あるいは気温上昇がもたらす蚊などの媒介による感染症（デング熱、ジカ熱、黄熱病など）の拡大や食中毒の蔓延などである。

例えば、2018年時点で米軍では熱中症または熱疲労の症例が2792件報告されているが、こうした事例が今後ますます増えると予想される。そのほか、熱に弱い医療品や医療機器の運搬や保管、紛争地での水不足による衛生環境の悪化といった可能性が指摘されている。さらに、弾薬は厳しい暑さに耐えられるよう設計されてはいるが、極端な高温に長時間さらされると暴発しかねない。実際、2011年7月、ギリシャ・キプロス共和国マリの海軍基地では、押収された弾薬が高温のために大規模な爆発を起こし、死傷者が出ている（Robinson et al., 2023; van Schaik et al., 2020）。

○安全保障環境への影響

軍事と気候変動がつながる第二の経路は、各国の安全保障環境への影響である。気候変動は、紛争リスクの増大や災害派遣の増加を通じて、各国の安全保障環境を複雑化する可能性がある。

紛争リスクの増大

気候変動に伴う水不足、食料難、移民・難民増加といった社会経済上の混乱は、民族対立や反政府暴動などの種を抱えた国で紛争のリスクを高める（関山、２０２３）。２０１９年に科学誌*Nature*に掲載された論文では、温暖化が2℃進んだ場合には13％の確率で、４℃の場合には26％の確率で紛争が顕著に増えると予想されている（Mach et al., 2019）。幸い、日本のような先進国内で気候変動を遠因とする紛争が発生するとは考えにくい。しかし、アジアや中東・アフリカで紛争が増えれば、日本を含む先進国にとっても平和維持活動等のために海外派遣の機会が増すといった影響が出る。

また、北極圏の海氷が融解することで生まれる航路や鉱物資源・漁業資源採掘の機会が、米国、ロシア、中国などの間で緊張を高めつつある。既に7月から11月の夏季には、北極圏の海氷が解けて船舶が航行できるようになってきている。北極海航路でアジアと欧州が結ばれれば、スエズ運河ルートよりも3割ほど距離が短くなり時間とコストを削減できることから、この航路への関心が高まっている。日本にとっても北極圏での権益と安全の確保は他人事でない。北極圏に関する主要各国の立場については後段で詳説する。

災害派遣の増加

また、異常気象による災害の激甚化・頻発化のため、人道支援や災害救助のための出動や海外派遣が増加することも予想されている（van Schaik et al., 2020）。例えば自衛隊の災害派遣についても、かつては大地震に際して大規模な派遣が行われることが多かったが、近年では、２０１８年７月豪雨、２０１９年の東日本台風、２０２０年７月豪雨と、暴風雨被害に伴う大規模派遣が目立つようになっている（統合幕僚監部、２０２３）。

○温室効果ガス主要排出者としての軍

軍事と気候変動とのもう一つの関連は、軍隊が温室効果ガスの主要排出セクターの一つであるという点にある。前述の2つの経路は気候変動が軍に及ぼす影響であるが、一方で軍は、気候変動についてその責任の無視し得ない一端を負っているという側面もあるのだ。

ある推計では、世界各国の軍隊および軍事産業は、世界のＣＯ$_2$排出量の約5％を占めるとされる（Mohammad et al., 2022）。特に米国国防総省は、世界のどの組織よりも多くの石油を使用する世界最大の温室効果ガス排出組織である。国防総省の温室効果ガス総排出量は、米国の鉄鋼生産による排出量よりも多いばかりか、スウェーデン、デンマーク、ポルトガルといった国々の総排出量をも上回るという（Crawford, 2022）。

皮肉なことに気候変動によって紛争や災害が増大して軍隊の出動が増えると、それに伴う温室効果ガスの排出も増えかねない。世界各国の軍隊は、気候変動によって安全保障環境を自ら悪化させないために、「軍隊のグリーン化」を迫られていると言える（van Schaik et al., 2020）。

2. 気候変動に対処する安全保障政策

次に、前述したような気候変動の影響に対して、米国、中国、ロシア、そして日本がどのような安全保障政策をとっているのかを見てみよう。

○概要

米国

気候変動がもたらす安全保障上の影響に対して、世界の主要国のなかで最も積極的に対応しようとしてきたのはバイデン政権の米国である。２０２２年10月に発表した「国家安全保障戦略（ＮＳＳ）」は、「あらゆる共通課題のなかで気候変動は最も重大であり、すべての国が存続の危機に瀕する可能性がある」と強調した（The White House, 2022）。同年11月に国防総省が公開した「新国防戦略（ＮＤＳ）」も、軍事施設の被害、国内外の人道支援・災害救援活動増加、海外での紛争リスク増大を気候変動が米軍にもたらす課題として挙げたほか、化石燃料の使用削減も対応すべきこととして言及している（Department of Defense, 2022）。

また、これに先立ち国防総省が2021年に策定した「気候変動適応計画（CAP）」は、①気候変動を考慮した意思決定、②気候変動に備えた部隊の訓練と装備、③建造物の強靭化、④サプライチェーンの強靭化とイノベーション、⑤国内外の協力を通じた適応力向上について、国防総省のすべての関連部署が実施すべき業務目標を定めている（Department of Defense, 2021）。

2024年9月には2027年までの方針を示したCAPの改訂版も公表されている。

海軍は、CAPの方針に基づき「気候行動2030」という戦略文書を策定し、施設の強靭化やエネルギー消費の削減などに努めることとしている。既に海面上昇や異常気象で基地や施設に被害が出ている海軍は、この文書のなかで気候変動を「生存に対する脅威」と位置づけ、これに対処するために「気候変動に対応できる軍隊」を構築する必要があるとしている（Department of the Navy, 2022）。

陸軍も気候戦略を策定し、①施設の強靭化、②調達・物流でのCO_2排出削減、③「気候変動下の世界でも活動できる軍隊」を目指した訓練に取り組んでいる。例えば、2028年までに指導者育成と兵士訓練に気候変動の関連項目を組み込むこと、また同年までにすべての演習やシミュレーションで気候変動のリスクと脅威を考慮することなどを中間目標としている。異常気象に関する訓練が演習プログラムの一部となっているほか、資材司令部による駐屯地司令官向けの気候研修コースや、気候変動への適応と緩和の両面で重要な役割を果たす工兵隊のためのコースなど、様々な訓練プログラムが進行中だという（Stoetman et al., 2023）。

中国

中国は、２００８年に気候変動が国連安保理で初めて取り上げられてから現在に至るまで、気候変動を安全保障と結びつける議論には国際場裏で一貫して反対している。２０２１年12月にニジェールとアイルランドが国連安保理に提出した気候安全保障に関する決議案でも、中国は投票を棄権した（United Nations, 2021）。

こうした国際場裏での消極的な態度の一方、気候変動が安全保障に影響し得ることは中国も理解している。早くも２００７年には人民解放軍の退役将官である熊光凱が「気候安全保障」という概念に言及していたし（人民日報、２００７）、胡錦濤政権下では08年および11年の『国防白書』も気候変動の影響に言及していた。北京大学の張海斌教授も２００９年の論文で「気候変動は間違いなく中国の国家安全保障問題である」と述べている（張、２００９）。

人民解放軍参謀本部も、２００８年に軍事気候変動専門家委員会を立ち上げ、気候変動が軍事に与える影響とそれを克服するための戦略的意思決定および技術支援について検討を行っていたようである（Freeman, 2010）。２０１３年には、その最初（そして最後）の報告会が開かれ、「気候変動に対処する軍隊」について議論された（中国政府網、２０１３）。

しかし、中国の政策文書等が安全保障に対する気候変動の影響に言及することは、その後ほとんどなくなった。習近平政権となって以来、『国防白書』も２０１３年、15年、19年の3回発行されたが、いずれも気候変動の影響には触れていない。

中国が、気候変動と安全保障を結びつけることに消極的な背景には、いくつかの要因が考えられる。まず国内的には、①人民解放軍と石油石炭産業との間にある建国間もない頃からの深い結びつきが挙げられる。また、②中国の外交軍事関係者の間には、気候変動の安全保障問題化を、米国はじめ先進国が中国のような新興国に責任を転嫁するための策略と見る向きがある。また、③気候変動が軍事能力やインフラに及ぼす影響を公表することにより戦略的弱点が対外的に明らかになるのを嫌っているとの指摘もある（Stoetman et al., 2023）。

ロシア

ロシアも、中国と同様、気候変動と国際安全保障を結びつける一般的な議論には後ろ向きである。例えば、前述した国連安保理の気候安全保障決議案にも、ロシアは拒否権を行使した（United Nations, 2021）。これは、国際場裏で気候変動が過度に政治問題化されると、その批判の矛先が自国に向くと恐れているためだと思われる（Stoetman et al., 2023）。

ただし、個別具体的な事例については、この限りでない。例えば、アフリカ大陸中央部のチャド湖周辺地域での紛争については、「気候変動と生態系の変化が地域の安定に及ぼす悪影響」を認めた国連安保理決議にロシアも賛成している（United Nations, 2017）。

ロシア自身は、気候変動が自国の国家安全保障に及ぼす潜在的な影響は十分に認識している。例えばプーチン大統領は、２０１９年の年次記者会見でロシア人ジャーナリストからの質問に答え、①融解する永久凍土の上に建設された都市インフラの損壊、②気温上昇による一部地域の乾燥化、③山火事、洪水、その他の自然災害の頻繁化を、ロシアが直面する気候変動のリスクとして指摘した（Presidential Executive Office, 2019）。

最新の「ロシア国家安全保障戦略」も、気候変動を国家安全保障上の脅威とし、特に山火事、洪水、感染症、インフラの劣化などの形でロシア国民の生活が脅かされ得ると指摘している（Presidential Executive Office, 2021）。

なお、ロシアは、耕地の拡大、食料生産の改善、凍土での資源開発など、気候変動から生じるチャンスにも期待を寄せている。２０１９年の「国家行動計画」は、ロシアにとって気候変動は「経済と国民にとって悪影響と利益の両方となり得る」との認識を示している（Presidential Executive Office, 2019）。この二面性こそ、ロシアの気候変動に対する認識を知る鍵である。また、２０２１年の「国家安全保障戦略」などの文書では、「気候変動に対する世界的な関心が、ロシア企業の輸出市場へのアクセス制限、ロシア産業の発展抑制、ロシア輸送ルートへの介入の口実として使われる」と、気候変動を口実に他国がロシアの利益を妨害することを懸念している（Presidential Executive Office, 2021）。

日本

２０２２年12月に改定された「国家安全保障戦略」は、「気候変動がもたらす異常気象は、自然災害の多発・激甚化、災害対応の増加、エネルギー・食料問題の深刻化、国土面積の減少、北極海航路の利用の増加等、我が国の安全保障に様々な形で重大な影響を及ぼす」としている。

防衛省も、2021年5月に副大臣の下に「気候変動タスクフォース」を立ち上げ、22年8月に「防衛省気候変動対処戦略」を取りまとめた。同戦略は、①大雨、洪水、台風、海面上昇などによる基地施設等の浸水や損壊、②異常高温、海水塩分濃度変化等による防衛装備品の性能や仕様への影響、③災害派遣の増加、長期化、広域化、複合化や訓練計画への影響など、気候変動によって防衛省・自衛隊の任務や活動に様々な制約、障害、支障が顕在化すると予想している。

こうした認識の下、「国家安全保障戦略」とともに閣議決定された「防衛力整備計画」は、まずは施設面に焦点を当て、「今後、気候変動に伴う各種課題へ適応・対応し、的確に任務・役割を果たしていけるよう、駐屯地・基地等の施設及びインフラの強靭化等を進める」とし、こうした施設整備を特に2027年度までの5年間で集中して執行すると記した。

○北極圏をめぐる各国の思惑

気候変動によって北極圏で新たな経済的利益が開かれるにつれ、米国、ロシア、中国などアジア太平洋地域の大国の間で緊張が高まりつつある。北極圏の温暖化は地球全体の平均に比べて2倍の速さで進行しており、その結果として北極圏には、航路、資源採掘、漁業などの新たな機会が開かれることになるからだ。

例えば、7月から11月の夏季には北極圏でも海氷が解けて船舶が航行できるようになってきた。北極海航路でアジアと欧州が結ばれれば、スエズ運河ルートよりも3割ほど距離が短くなるため、関心が高まっている。

ロシア

近年、北極圏に対する自国の権利を強く主張しつつあるのがロシアだ。ロシアは、北極圏に位置するコラ半島に海軍基地を持ち、2021年には北極圏の防衛を担う北方艦隊を他の4つの独立軍管区と同格に昇格させ、この海域での軍事プレゼンスを拡大してきている（Nilsen, 2020）。

中国

中国もまた、北極海航路を「氷のシルクロード」と名づけて巨大経済圏構想「一帯一路」の一部に位置づけ、航路短縮による経済利益と地政学的影響力の確保へ関心を見せている（Su & Huntington, 2021）。2018年に公表した白書『中国の北極政策』でも、「国連安保理常任理事国として、中国は北極圏の平和と安全を共同で推進するという重要な使命を担っている」と、この地域に積極関与する姿勢を示している（国務院新聞弁公室、2018）。

実際、中国はこれまでに北極海に軍艦を複数回派遣しているほか、数十回にわたる科学探検を砕氷艦「雪龍」号で行っている。こうした活動は、極地での運用や航海に関する有益な経験を中国にもたらす。さらに中国は、今後の北極海での活動拡大のため、海氷分析、3D水域調査、地質調査、大気モニタリングなど幅広い活動を行える大型砕氷艦「極地」を2024年6月に新規就航させている（新華網、2024）。

米国

こうした動きに対して米国は、2022年の「米国家安全保障戦略」などで中国とロシアを名指しし、北極圏の秩序と安全への脅威と批判している（The White House, 2022）。特に海軍は、北極海航路での航行の自由を掲げ、ロシアに近いバレンツ海で欧州諸国との合同海軍演習を実施するなどして、ロシアを牽制している。米沿岸警備隊も、極地警備カッター3隻を新たに取得するなどして、海軍と協力して北極海での警備にあたっている。また陸軍も、2つの旅団戦闘団を含む1万1600人の部隊をアラスカに駐留させている（Stoetman et al., 2023）。

日本

日本との関係においても、中国による北極圏の航路や漁業・鉱物資源の開発は、日中間で利害の衝突を生みかねない問題だ。加えて、中国船舶が北極圏に向かうために対馬海峡や津軽海峡などを頻繁に往来することになれば、それが偶発的な衝突を生む懸念もある（関山、2023）。前述の「防衛省気候変動対処戦略」も、北極圏での航路、海底資源アクセス、海洋権益をめぐる関係国間の対立が日本の安全保障に影響することへの懸念に言及している。

3. まとめ

以上の通り、気候変動による気象条件の変化、海面の上昇、その他の環境変化は、軍の施設、装備、運用に直接的あるいは間接的に影響を及ぼし得る。これに対して、各国の対応は一様ではない。

主要国のなかで最も積極的に対応しようとしているのは米国だ。国防総省、陸軍、海軍いずれも、気候変動を考慮した意思決定、訓練と装備、建造物の強靭化などの取り組みを進めている。中国とロシアも、気候変動を安全保障に結びつける国際場裏での議論には消極的な一方、自国が直面するリスクとチャンスには敏感である。

特に北極圏は、融氷によって新たに利用可能となる航路や資源開発をめぐってロシア、中国、米国の思惑が交錯し、緊張が高まりつつある地域である。

日本も、大雨・洪水・台風・海面上昇などによる基地施設等の浸水や損壊、異常高温・海水塩分濃度変化等による防衛装備品の性能や仕様への影響、災害派遣の増加・難化や訓練計画への影響など、気候変動によって防衛省・自衛隊の任務や活動に様々な制約や支障が発生し得る。また、北極圏をはじめ周辺地域の安全保障環境が気候変動を遠因として複雑化する恐れもある。

「国家安全保障戦略」「防衛力整備計画」「防衛省気候変動対処戦略」も、こうしたリスクに触れてはいるが、米国のように意思決定プロセス、訓練、装備に気候変動の影響を織り込むところまでは至っていない。しかし、気候変動が安全保障に与える影響は、本章で論じた通り、日本に無関係の問題ではない。日本も危機意識を高め、具体的な取り組みを積み重ねる必要があろう。

【参考文献】

- 関山健（２０２３）『気候安全保障の論理――気候変動の地政学リスク』日本経済新聞出版
- 統合幕僚監部（２０２３）「令和４年度における自衛隊の災害派遣及び不発弾等処理実績について」
- 内閣官房（２０２２a）「国家安全保障戦略」
- ――（２０２２b）「防衛力整備計画」
- 防衛省（２０２２）「防衛省気候変動対処戦略」
- Crawford, N.C. (2022) *The Pentagon, Climate Change, and War*. The MIT Press.
- Corbett, T. and Singer, P.W. (2022) As Climate Change Threatens China, PLA is Missing in Action. *DefenseOne*, 18 January 2022.
- Department of Defense (2021) *Climate Adaptation Plan*.
- —— (2022) *National Defense Strategy, Nuclear Posture Review, and Missile Defense Review*.
- Department of the Navy (2022) *Climate Action 2030*.
- Freeman, D. (2010) *The Missing Link: China, Climate and National Security*. Brussels Institute of Contemporary China Studies.
- Gili, A. et al. (2024) Climate Change and Military Power: Hunting for Submarines in the Warming Ocean. *Texas National Security Review*, 7(2), 16–41.
- Mach, K.J. et al. (2019) Climate as a risk factor for armed conflict. *Nature*, 571, 193–197.
- McRae, M. et al. (2021) Assessing Aircraft Performance in a Warming Climate. *Weather, Climate, and Society*, 13(1), 39–55.
- Mohammad A. R. et al. (2022) Decarbonize the military—mandate emissions reporting. *Nature*, 611, 29–32.
- Nilsen, T. (2020) Putin heightens the strategic role of the Northern Fleet. *The Barents Observer*, 8 June 2020.
- Presidential Executive Office. (2019) Vladimir Putin's annual news conference, 19 December 2019.

- —— (2021) *National Security Strategy of the Russian Federation.* 2 July 2021.
- Robinson, Y. et al. (2023) Does climate change transform military medicine and defense medical support? *Frontiers in Public Health,* 11, 1099031.
- Sekiyama, T. (2022) Climate Security and Its Implications for East Asia. *Climate,* 10(7), 104.
- Stoetman, A. et al. (2023) *Military capabilities affected by climate change.* The Clingendael Institute.
- Su, P. and Huntington, H. P. (2021) Using critical geopolitical discourse to examine China's engagement in Arctic affairs, *Territory, Politics, Governance,* 1-18.
- The White House. (2022) *National Security Strategy.*
- United Nations (2017) Security Council Resolution 2349.

—— (2021) Security Council Fails to Adopt Resolution Integrating Climate-Related Security Risk into Conflict-Prevention Strategies. 13 December 2021.

- van Schaik, L. et al. (2020) *Ready for take-off? Military responses to climate change.* The Clingendael Institute.
- 国務院新聞弁公室（２０１８）『中国的北极政策』
- 人民日報（２００７）「熊光楷在德国发表演讲阐述当前中国安全政策」２００７年7月25日。
- 新華網（２０２４）「探秘〝雪龙２〟号和〝极地〟号！感受中国极地考察硬实力」２０２４年7月5日。
- 張海濱（２００９）「气候变化与中国国家安全」『国际政治研究』２００９年第4期，12－39頁。
- 中国政府網（２０１３）〝军队应对全球气候变化〟首场报告会在京举办．２０１３年6月19日。

論点
14

先端技術を防衛に
どう活かすか

慶應義塾大学教授　森聡

POINT

先端技術を防衛力の強化に結びつけるためには、作戦構想とそれを実効化する指揮・統制に必要な能力を向上させるのに資する先端技術を開発し実装しなければならない。日本は、米中が防衛イノベーションで競い合うなかで、将来戦能力の開発に最適な規模の予算を割きながら、先端技術の多くが生み出される民間部門に接触して先端技術の取り込みを進めていく必要がある。無人システムや人工知能などの導入は急務であり、先端技術の防衛利用を促進するための仕組みや環境の整備が加速されるべきである。

1．鍵を握る防衛イノベーション競争

先端技術を防衛力の強化に活かすためには、単に先端技術が兵器システム化されるだけでは済まない。先端技術を組み込んだ兵器システムが、それを活用する新たな作戦構想と結びつき、その作戦構想を実効化するのに必要な指揮・統制組織を整備しなければならない。つまり、先端技術の兵器システム化と作戦構想、指揮・統制という要素が結びつくときに軍事組織の軍事的能力が飛躍的に向上するという現象が発生する。(1)

そもそも技術と軍事的能力との関係をどう捉えるかという問題をめぐっては、1980年代のソ連の軍事理論家らがもっぱら技術的要因に注目した「軍事技術革命（MTR：Military Technical Revolution）」をめぐる論議(2)や、技術的要因のみならず、それと結びつく概念的要因や組織的要

（1） Krepinevich, Jr., Andrew F. (1994) Cavalry to Computer: The Pattern of Military Revolutions, *The National Interest*, 37: 30.

（2） 1970年代にソ連の軍事理論家たちは、米軍がセンサー、情報ネットワーク、精密誘導弾を組み合わせる「偵察・攻撃複合体（RSC：reconnaissance-strike complex）」、すなわち精密誘導兵器システムの研究・開発に乗り出した事実を捉えて、これがその後の戦争方法を劇的に変化させるMTRを進行させるとするとの見方をとったが、これはもっぱら技術的要因に関心を絞った論議であった。

因にも射程を広げた「軍事における革命（RMA：Revolution in Military Affairs）」についての論議[3]が巻き起こってきた。

その結果、技術が軍事的能力として意味をなす形で活用され、国家の軍事的能力、ひいては安全保障に影響を与える状況に至るためには、それが新たな作戦構想や指揮・統制組織の改編と結びつかなければならないとする理解が形成された。近年の米国国防省高官の政策演説等にも、こうした理解が反映されており、少なくとも米国では今日に至るまで、こうした理解の枠組みが維持されている。

先端技術を活用しながら防衛力を整備する一連の取り組みを「防衛イノベーション」と呼ぶとすれば、絶え間なく進行する技術開発の潮流のなかで、防衛イノベーションを果たさなかった国は、それを実現した国に対して軍事的劣位に立たされる。武力紛争が発生すると、この不均衡が顕現して、戦況を左右する。つまり、防衛イノベーションを首尾よく推進できるかどうかは、国家、とりわけ戦略的競争を繰り広げる大国の安全保障の根幹に関わる問題となっている。

2. 先端技術の防衛利用という観点から見た日本の戦略的課題

中国とロシアが戦略的な提携関係を結び、米国とその同盟国が防衛協力を深めている現在、主要国の間では防衛イノベーション競争とでも呼ぶべき現象が進行しており、日本はその最前線にいる。先端技術と防衛利用という観点から日本を取り巻く戦略的環境を捉えると、次のような3つの重要な課題が浮かび上がる。

○対中抑止、対米連携

第一に、日本は中国と米国という防衛イノベーションのトップランナー国と向き合わなければならない。日米同盟を強化して対中抑止力を強化するという取り組みは、先端技術の防衛利用という観点から見れば、ハードルの高い戦略的課題となる。

そもそも中国は、1991年の湾岸戦争のときから米国に対抗すべく防衛イノベーションを精

（3）1990年代に、米国防省ネット・アセスメント局（ONA：Office of Net Assessment）局長A・マーシャルは、1990年代初頭の状況は、戦争方法に劇的な変化がもたらされた20年代の状況に似通っており、RMAが始まりつつあるとの見方を示し、それ以後、RMAの定義や原因などをめぐって90年代に一大論争が巻き起こった。ONAの当初の分析は、新たな技術が、それを活用するための新たな作戦構想や組織改編を伴うことによってはじめてMTRは達成されるというもので、1992年にONA局員A・クレピネヴィッチによって報告書にとりまとめられた。Krepinevich, Jr., Andrew F. (2002) *The Military-Technical Revolution: A Preliminary Assessment*, Washington D.C.: Center for Strategic and Budgetary Assessments. RMAの実現条件というテーマは、学術研究としても脚光を浴び、歴史的事例の研究を通じて知見も蓄積されていった。RMAの理論研究に関する本邦での研究サーベイとして次がある。塚本勝也（2012）「軍事における革命（RMA）の理論的考察――変革の原動力としての技術、組織、文化」『防衛研究所紀要』第15巻第1号、1～18頁。

力的に進めてきた。米国がアフガニスタンとイラクに地上軍を派遣して軍事作戦を展開している間に、中国は米国の通常戦力上の優位を長らく担保してきた精密誘導兵器を獲得して、接近阻止・領域拒否（A2／AD）と呼ばれる一連の能力の整備を進めてきた。

のみならず、米国における先端技術開発の動向をにらみながら、人工知能・機械学習（AI）、ロボット技術、自律技術、量子技術、バイオテクノロジーなどにも投資してきた。また、これらの技術のうち、成熟度が高まったものを兵器システム化して活用し、情報化局地戦争の「智能化」、体系対抗戦、網電一体戦といった作戦構想を論じ、統合作戦指揮センターを中央軍事委員会レベルおよび各戦区レベルで設けるなど、指揮・統制組織も整備してきた。

米国は2014年11月に打ち出した防衛イノベーション・イニシアティブと第3次オフセット戦略を端緒に、先端技術の防衛利用に本腰を入れており、例えば、研究・工学担当国防次官が2023年に発出した国防科学技術戦略では、バイオテクノロジー、量子科学、将来無線技術、先進素材といったシーズ技術群、AIと自律技術、システムオブシステムズの統合ネットワーク、微細電子工学、宇宙技術、再生可能エネルギーの産出・備蓄技術、先進コンピューティングとソフトウェア、ヒト・機械インターフェースといった利活用が進んでいる技術群、そして指向性エネルギー（レーザー）技術、極超音速技術、統合センシングとサイバー技術など防衛固有の技術群を挙げている。[4]

また、作戦構想として全領域作戦（ADO：All Domain Operations）ないし統合戦闘構想（JWC：

Joint Warfighting Concept）を採用し、そのための指揮・統制を同盟国・パートナー国とも連携する共同全領域統合指揮・統制（CJADC2：Combined Joint All Domain Command and Control）なる指揮・統制体制を構築しようとしており、いずれもＡＩをはじめとする先端技術の導入が重要な位置を占めている。

日本が米国と協力して中国を抑止するためには、人民解放軍が先端技術を活用して整備する戦力に対抗するのみならず、同様に先端技術を導入しつつある米軍との相互運用性を確保しなければならない。日本は、自国をはるかに凌ぐ規模で防衛イノベーションを進めている中国を抑止するとともに、米国と連携しなければならないという、いわば二重の非対称性とも言える課題に直面している。

○官民連携の実効化

第二に、いまや世界の最先端の技術は、政府部門ではなく、民間部門で生み出されているため、先端技術の防衛利用という営みは、防衛当局が民間セクターのスタートアップも含めた様々な企業に接触して契約を結んでいくという取り組みが必須となっている。

（4） Undersecretary of Defense for Research and Engineering (2023) *National Defense Science and Technology Strategy 2023*, the Department of Defense.

経済協力開発機構（OECD）加盟国の2020年の民間部門による研究・開発費は、約9600億米ドル（64％）だったのに対して、公的部門の研究・開発費は、約3600億米ドル（24％）だった(5)。また、日本だけで見ても、2020年度の公的機関・非営利団体の研究・開発費は、1兆6997億円だったのに対し、企業のそれは13兆8608億円だった(6)。しかも新たな技術の開発ペースはかつてよりも速まっている。

こうした技術環境の下で、先端技術の防衛利用が進められているため、日本が技術獲得のために整備する仕組みは、外向きかつ能動的で迅速さを備え、しかも企業側にインセンティブをもたらすようなアプローチを可能にするものでなければならず、官民連携の実効化という課題に直面している。

〇現有戦力の強化、将来戦能力の開発

第三に、現有戦力（capacity）の強化と将来戦能力（capability）の開発という2つの要請に対して、いかに防衛予算を配分していくかを判断しなければならない。武力紛争が近いうちに発生するとの想定を持てば、現有戦力の強化を重視した国防投資を行う必要がある。一方、武力紛争が発生するリスクが10年以上先に高まるとの想定を持てば、将来戦能力の開発を重視した国防投資を行うことが合理的になる。

わが方が現有戦力の強化を優先すれば、武力侵攻を企てる相手国は、眼前の脅威を煽ってわが方の現有戦力の強化を助長しつつ、自らは将来戦能力の開発を進めて、中長期的に自らが優位に立とうとする。他方で、わが方が将来戦能力の開発を重視すれば、相手国は武力侵攻する可能性をプレイダウンするシグナルを発してわが方を油断させつつ、わが方が将来戦能力を獲得する前に武力侵攻に及んだ方が有利との判断を持ちやすくなる。

つまり抑止力の強化とひとくちに言っても、時間軸のとり方次第でその内実（先端技術の防衛利用の在り方）は変わるのであり、しかも相手国との相互作用がわが方に不利な形で引き起こされる可能性がある[7]（さらに在来型の兵器システムと次世代型の先進システムとを連接させて運用可能にする技術や取り組みも絶えず必要になる）。

実際に武力紛争がいつどのような形で生起するかを正確に予測することは不可能なため、日本も米国も、現有戦力の整備と将来戦能力の開発は、情報分析と仮説的な見通しを前提に政治的な判断を下さざるを得ず、戦略的な不確実性という課題に直面している。

（5） American Association for the Advancement of Science (2023) U.S. R&D and Innovation in a Global Context: The 2023 Data Update, p.2 (https://www.aaas.org/sites/default/files/2023-05/AAAS%20Global%20RD%20Update%20April%202023.pdf)

（6） 総務省統計局（２０２１）『統計でみる日本の科学技術研究――２０２１年（令和3年）科学技術研究調査結果から』3頁（https://www.stat.go.jp/data/kagaku/kekka/pdf/03pamphlet.pdf)

（7） Michael Horowitz, "War By Timeframe: Responding to China's Pacing Challenge", *War on the Rocks*, November 19, 2021.

3. 作戦構想と先端技術の利活用

○日本の対中作戦構想

防衛利用され得る先端技術の分野は、前述の通り、ある程度特定されている。重要なのは、特に研究・開発・実装を優先的に進めるべき技術の特定である。

日本が防衛力の抜本的な強化を進める際に効果的に活用すべき先端技術を特定するためには、まず作戦構想を特定し、その作戦構想のなかで有用な能力を構成する兵器システムと、そこに導入し得る技術を特定しなければならない。また、次節で取り上げるように、その作戦構想を実効化するための指揮・統制システムに導入し得る技術も特定しなければならない。

では日本の作戦構想とはいかなるものであろうか。日本は2022年12月に防衛力を抜本的に強化するための「国家防衛戦略」を発出したが、自衛隊の戦い方を定めた作戦構想にあたる「統合防衛戦略」は公表されていない。そこで、いま日本の安全保障上の最大の脅威が、中国が武力によって西太平洋地域、特に台湾や尖閣諸島の現状変更に及ぶことであることを前提に、日本の作戦構想とそこに必要な能力と活用し得る先端技術を検討してみたい(8)。

まず日本は、自国領の防衛をまっとうすることに加えて、米国を支援しながら、中国の渡洋上陸作戦を阻止し、現状を維持することが防衛戦略上の目標となる。

中国は日米に対して、サイバー攻撃によりネットワーク上の優勢を、情報戦により認知空間での優勢を、弾道ミサイルおよび巡航ミサイルを使った基地攻撃や米空母への攻撃等により航空優勢を確保しつつ、そうした優勢の下で航空機による対艦攻撃や、対潜哨戒機・水上艦による潜水艦攻撃、ミサイルや無人機・有人機による地上発射型対艦ミサイルシステムへの攻撃などを実施して海上での優勢を獲得する。同時に宇宙・サイバー戦能力でこれらの作戦を支援することによって、航空優勢と海上制圧を果たし、そのうえで渡洋して島嶼に上陸する作戦を遂行すると見られる。台湾侵攻の場合、これらと並行して台湾の航空基地や重要インフラ等を攻撃する作戦が展開される。

以上のような人民解放軍の作戦を想定するとすれば、日米の作戦上の目標は、中国による航空優勢と海上制圧、上陸作戦を阻止することになる。既に存在する兵器システムを前提にした検討が重要であるのは言を俟たないが(9)、先端技術の利活用という観点からは、同種の能力を一層効果的に発揮する次世代のシステムの検討が必要となる。というのも、中国が様々な先端技術の開発と実装を進めて将来戦能力を整備していく以上、そうした動きを勘案せずに、短期的な現有戦力の整備のみに徹していけば、中長期的な劣位を自ら増幅することになるからである。

---

(8) 以下の作戦構想に関わる検討は、現時点で最も秀逸な分析を行っている次の研究をベースに行う。高橋杉雄(2023)『現代戦略論——大国間競争時代の安全保障』並木書房、200-229頁。

そこで、前述のような中国の作戦を前提とした場合、日米はいかなる次世代の兵器システムとそれを実効化する先端技術を利活用することができるのかを検討しなければならない。以下、検討されるべき能力と技術のごく一部を例示してみたい。

○航空優勢阻止

まず中国の航空優勢を阻止するためには、弾道・巡航ミサイルを防空システムで迎撃する方法と、中国の航空基地を無力化する方法がある[10]。前者については、そもそも弾数から見ても意味のある迎撃は困難であるばかりでなく、攻撃・防御のコスト交差比率から見ても防御側のコストが著しく高い。経空脅威の迎撃という観点からは、指向性エネルギー兵器やレールガン（電磁砲）が次世代の兵器システムとして期待されている。

指向性エネルギー兵器については各種のレーザー技術が、レールガンについては連続発射による高温に耐えられる砲身の素材技術などが求められるほか、両者とも大規模電源を確保する技術が必要となる。いずれも長年開発面でのブレークスルーを果たせずにきたが、もし実現すれば、迎撃コストが劇的に削減される。

また、そもそも飛来する弾道ミサイル・巡航ミサイルや極超音速兵器等を正確に探知し追跡するためには、いわゆる低軌道に配備するセンサー衛星の技術とそれらを地上の基地局と結ぶネットワークとそのサイバーセキュリティ技術などが必要になる。

一方、航空基地への攻撃については、当面米国が使用するであろう巡航ミサイルは打撃力が限られるため、長射程の極超音速兵器の開発が進められている。マッハ5以上の速度で成層圏上縁部を飛行しつつ、進路を変則的に変えられる推進技術や制御技術のみならず、高温化する機体には複数の先進材料技術などが必要となる。

○海上制圧阻止

また、海上制圧と上陸作戦を阻止するためには、水上艦の位置を正確に探知・追跡し、その高度な防空システムを突破して攻撃する能力が必要となる。水上艦の探知と追跡は、衛星、空中・水上・水中の無人・有人システムなどに搭載されたセンサーが重要な役割を果たすことになる（なお、探知・追跡という観点からは、量子科学分野におけるセンシング技術があるが、成熟度が高くないものの、相手国がひとたび獲得すれば、自らのステルス性能を持つシステムや潜水艦など

(9) 高橋（2023）217-219頁は、現有戦力によって航空優勢を阻止することは困難であるので、海上制圧と上陸作戦の阻止を目指すべきとして、鍵を握るのは、「陸上、海上、海中、航空すべてのプラットフォームから、対艦ミサイルによる飽和攻撃を縦深的に行える」能力であると分析している。そのうえで、そうした能力を担う部隊の残存性が高くなければならないほか（例えば航続距離の長い航空機からの長射程対艦ミサイルや地上の移動式ランチャーなど）、中国艦船の位置を正確に捕捉する能力を高めなければならないと指摘している。

(10) 高橋（2023）210-212頁。

が脆弱になるため、軽視できない)。

危機発生時や有事に大量の高性能センサーが収集するデータ量は膨大になるため、電磁スペクトラムが混み合い、しかも敵が仕掛けてくる電子戦・サイバー戦によって通信が撹乱されたり、データが汚染されるリスクがある。このためセンサー・プラットフォームにＡＩを搭載し、端末で自律的にデータを加工・処理して、必要最小限のデータを周波数をＡＩで動態的に切り替えながら送信したり、他のプラットフォームと共有して、偵察・監視（ＩＳＲ）活動を最適化・効率化する技術が求められる。

○無人システムの補完的運用

さらに、海上制圧阻止のために、高度な防空システムを突破して水上艦を攻撃する能力が求められる。多数の対艦ミサイルによる飽和攻撃が必要であり、もし航空優勢が確立されていなければ航空機や水上艦による対艦ミサイル攻撃が困難となるため、潜水艦や長射程の対艦ミサイル攻撃が必要になる。(11) 加えて、上陸作戦を阻止するためには、上陸船団を対艦ミサイルで攻撃したり、上陸部隊の装備・物資集積地を攻撃することが必要となる。(12)

その意味で、海洋・空中・地上発射型の対艦ミサイルは、日本の防衛戦略の要となる能力であるが、緒戦から大量に投入・費消される可能性があり、しかも高額で、製造・生産能力にも限界がある。このような事情を踏まえれば、能力面においては劣るが、無人システムの補完的な運用も検討されるべきということになる。

本章で運用例を網羅する紙幅はないが、例えばカスケード型（母船型）ＵＵＶに収容可能な小型の自律型ＵＵＶを運用して、敵の水上艦を識別可能な機雷を敵の海軍基地や港湾近隣海域に敷設したり、チョークポイントを監視しながら水上艦を攻撃したり、おとり用ＵＵＶとして機能させることが考えられる。また、航空機から射出する自爆型ＵＡＶをスウォーム（群集）で運用して水上艦に飽和攻撃を仕掛けるといった戦術も考えられよう。

無論、中国側は（日米側も）無人システム対抗（カウンタードローン）技術の開発を進めていくし、無人システムの量的な競争になれば中国側が優位に立つかもしれず、台湾海峡や東シナ海といった海域で、バッテリー技術により運用時間や航続距離が制限されるため、無人システムがどこまで威力を発揮するか不確実性が残るといった課題や制約がある。[13] しかし、自爆型も含めた無人システムは、生産基盤の整備次第では、ミサイルと比べれば低コストで短期間のうちに大量に生産・投入が可能になり、運用の仕方によっては成果を上げる可能性もある（無人システム能力は、「国家防衛戦略」で示された7種の能力のうちの一つを構成している）。

(11) 高橋（２０２３）２１２－２１３頁。
(12) 高橋（２０２３）２１３頁。
(13) Pettyjohn, Stacie, and Hannah Dennis, and Molly Campbell (2024) *Swarms over the Strait: Drone Warfare in a Future Fight to Defend Taiwan*, Washington D.C.: Center for a New American Security.

上記のような作戦以外にも、認知領域への攻撃に対抗したり、政府・重要インフラを防護するためにサイバー技術とＡＩを組み合わせて活用して、情報空間とネットワークへの侵入と攪乱に対処する能力を高めることは必須の取り組みとなる。また、抗争区域で物資を海上輸送する能力を強化するために、自律型掃海任務のためにＵＵＶを運用したり、複雑な貨物輸送計画を短時間に立案するためにＡＩを活用したりすることが考えられる。このほかにも各種の作戦に必要な能力を先端技術を導入することによって強化する方途は、枚挙に暇がない。

4．指揮・統制と先端技術の利活用

主要国による現代戦では、陸・海・空・宇宙・サイバー・電磁スペクトラムにおいて様々な作戦行動が起こされることになるが、鍵となるのは統合運用能力であり、従来軍種別に存在していた指揮・統制の体系を統融合していくことがその不可欠かつ中核的な取り組みとなる。自衛隊は２０２５年に統合作戦司令部を創設する予定で、日米首脳会談および日米外務・防衛担当閣僚会合（いわゆる２＋２）でも確認されたように、米軍との指揮・統制面での連携も深めていくことになる。

統合運用における指揮・統制をめぐっては、米国が全領域統合指揮・統制（ＪＡＤＣ２）の開発を進め[14]、同盟国・パートナー国との連携を視野に入れたＣＪＡＤＣ２の整備を精力的に進めており、自衛隊においても同種の指揮・統制システムの整備が目指されるべきであろう。

全領域の指揮・統制を統合していくにあたっては、センサーが収集したデータをクラウドに集約し、機械学習・深層学習などを活用して敵の行動選択肢（course of action）に関する予測的なデータ分析を行って、ＡＩが決定可能な選択肢を用意し、これらを共通状況図に投影して意思決定を行う能力と、それを可能にする技術が必要となる。

ＡＩやビッグデータ分析、クラウド、サイバー（ゼロトラストアーキテクチャ）などの様々な先端技術を組み合わせることによって、あらゆるドメインに存在する大量の目標を同時並行で探知して攻撃するまでの複雑な意思決定を迅速に行い、物理的な長距離攻撃と非物理的なサイバー攻撃等を統合的に実施し、現代における諸兵科連合戦を最適な形で実現することが目標となる。

また、現代戦においては、サイバー攻撃によってネットワークが劣化・寸断される状況が生起すると想定されるため、そうした状況下で指揮・統制をどう担保するのかという作戦上の課題がある。中央司令部との通信が寸断された部隊は自律的な任務遂行、いわゆるミッションコマンドが求められることになる。こうした場合、部隊が周辺状況を自らのセンサーで探索してデータを収集し、自らがとるべき行動を自律的に判断するとともに、近隣の部隊と連接してデータを共有

（14）森聡（２０２１）「米軍による国防イノベーションの推進──ＡＩとＪＡＤＣ２」日本国際問題研究所、研究レポート。

するような能力と、非集権的なデータ共有のアーキテクチャを整備することが求められる。システム周縁部（エッジ）で、部隊内の通信および部隊間の通信がセキュリティを担保された形で成立するためには、将来無線技術などが重要な意味を持つことになる。ネットワーク中心の戦いは依然として重要となるが、データ中心の意思決定をめぐる戦いという側面が、指揮・統制の分野では大きくなっていくと見られる。

作戦構想の実現に必要な無人システムや、それを実効ならしめるのに必要な統合運用のための指揮・統制システムには、ＡＩの導入が不可欠である。ＡＩは本章で紹介した無人システムや指揮決定補佐だけではなく、兵站・補給、兵器の点検・補修、サイバー防衛、情報分析とターゲティングなど、様々な分野で利活用されていく見通しである。こうした状況を踏まえ、防衛省は2024年7月に、「防衛省ＡＩ活用推進基本方針」を定めた[15]。

5. 先端技術を防衛利用するための仕組みと環境の整備

主要国は同種の先端技術の研究・開発・実装に力を入れているが、その取り組み方や技術安全保障システムは多種多様であり、非対称的である。

例えば、中国はいわゆる「軍民融合」を国家プロジェクトと位置づけ、政府主導の集権的な体制の下で技術の研究・開発を進めるとともに、共産党が国営企業の統制を通じてイノベーションを指導している。対照的に米国は、ＦＦＲＤＣと呼ばれる直轄の政府系研究所や各軍の研究機関が重要な役割を果たしつつも、私企業が技術開発の主役となって、官民パートナーシップを幅広く展開し、官民間の人材を循環させてきた[16]。

これに対して日本では戦後、伝統的に防衛当局による先端技術の利活用は、とりわけ学界から隔絶されてきたばかりでなく、先端技術の軍事利用に批判的な風土が育まれてきたという歴史がある。防衛イノベーション競争で劣後して、軍事的な不均衡ひいては武力紛争のリスクを生み出さないようにするためには、先端技術を効果的に利活用することによって抑止力を高めなければならない。こうした理解の下で、政府と学界および産業界が、先端技術の防衛利用をめぐって、信頼関係を築きながら協力を深化させていかなければならない。

防衛省は、防衛技術基盤の強化という観点から、「防衛技術指針２０２３」を策定し、各種の取り組みを一体的かつ強力に推進する体制を整備しようとしている。この指針では、将来戦に必要な機能・装備を創製して5～10年以内に装備化を実現していく「第１の柱」と、10年以上の先を見据え、日本の技術的優越を確保し先進的な能力を実現していく「第２の柱」という２つの時

（15） 防衛省（２０２４）「防衛省ＡＩ活用推進基本方針」

（16） Cheung, Tai Ming and Thomas G. Mahnken (2024) *The Decisive Decade: United States-China Competition in Defense Innovation and Defense Industrial Policy In and Beyond the 2020s*, Washington D.C.: Center for Strategic and Budgetary Assessments.

表14−1　「防衛技術指針2023」で示されている重要機能・能力・技術分野

物理分野
・自衛隊員の負担・損害を局限しつつ、隊員以外の付随的な損害も局限する無人化・自律化
・従来使っていなかったプラットフォームの活用
・従来使っていなかったエネルギーの活用
・新たな機能を実現する素材・材料、新たな製造
情報分野
・より早く正確に情報を得るためのセンシング
・膨大な情報を瞬時に処理するためのコンピューティング
・これまで見えなかったものの見える化
・仮想・架空情報をあたかも現実かのように見せる能力
・未来の状況を予測して先手を打つ判断能力の強化
・組織内外において、どこでも誰とでも正確、瞬時に情報共有を可能とするネットワーク
・効率的、効果的にサイバー空間を防御する能力
認知分野
・認知能力の強化

間軸に沿って分けたアプローチの下で、防衛省・自衛隊が必要とする機能・装備を「創る」、戦略的な視点で技術を「育てる」、様々な科学技術について「知る」という3通りの取り組みを推進して、防衛省が自らの投資で獲得すべき機能・能力・技術と、官民連携を通じて獲得していく機能・能力・技術として表14−1の項目を挙げている。

先端技術を防衛利用する環境を実際に整備していくにあたっては、ネットワーク、資金、契約制度という少なくとも3つの要素が重要な意味を持つ。

防衛装備庁は、既に早期装備化に向けたスキームとして、概念実証、初期型装備化、能力向上型装備化、装備化という4段階を設け、各段階での実績を踏まえて1〜5年かけて改良・運用実証・評価を行い、早期装備化を見込める民生技術（既製品、サービス、最先端技術）を発展的に装備化していく取り組みを始めた。

また、契約についても、早期装備化契約特別条項を設けて、装備品の納入の代わりに、技術資料等の成果報告書の納入で足りるとしたり、あらかじめ定められた基準や日程に即して開発事業の履行状況を硬直的に検査・監督するよりも、事業の進捗状況を随時聴取するという柔軟な対応をとったり、事業段階ごとの契約ではなく、一つの契約で一連の事業を実施可能にするなど、手続きの柔軟化・簡素化を図っている。

また、防衛装備庁は、２０２４年10月に防衛イノベーション科学技術研究所を創設した。装備庁によれば、この新組織は、「ＤＡＲＰＡ（国防高等研究計画局）やＤＩＵ（国防イノベーションユニット）の取組を参考としたブレークスルー研究により、変化の早い様々な技術を、将来の戦い方を大きく変える革新的な機能・装備につなげる」ことを目標に設置されるものとのことである[17]。

より具体的には、安全保障技術研究推進制度（革新的・萌芽的な技術についての基礎研究）、ブレークスルー研究、先端科学技術に関するシンクタンク的な役割などを担うとされている。この新組織は日本国内において、先端技術の防衛利用のための学界と産業界との間のネットワーク

（17） 防衛装備庁資料「防衛装備庁に新たな研究機関を創設します」ネット公開資料、公開日不明（https://www.mod.go.jp/atla/research/ats2023/pdf_exhi_pos/P-39.pdf）

ないしコミュニティづくりを進め[18]、ワンストップで官民連携が可能になるようなプラットフォームも整備すべきであろう（「育てる」機能の一例）。

また、未成熟な技術を日本だけで投資すれば高いリスクを負うことになるため、国際的なコンソーシアムに日本の研究者や研究機関、企業等が参入するためのファシリテーション機能（「つなげる」機能）を果たすべきである。

日本の財政事情の厳しさに照らせば、ＤＡＲＰＡ型の研究・開発事業は国際協力に重点を置き、むしろ民間企業の既成の先端技術をオフ・ザ・シェルフで早期導入するＤＩＵ型の事業を幅広く展開した方が、実効性が高まるものと思われる。

さらに、日本国内に存在する様々な先端技術の成熟度の実態を正確に把握し（「知る」機能の一例）、国際比較分析を通じて、日本が既に比較優位を持っている、あるいは持ちつつある先端技術を特定し、早期装備化のターゲットとなる技術を継続的に支援しモニターする体制も整備すべきであろう（「育てる」機能の一例）。

6．防衛イノベーションの障害克服

防衛イノベーションには必ず敵が存在する。既存システムの前提や権威、権限を変化させるポテンシャルがあるからこそイノベーションなのであり、それゆえにイノベーションによって自らの立場や主張、権威がチャレンジされる個人や組織は、イノベーションの限界や制約を強調し、その必要性や意義を過小評価しようとする。

これは、既得権益から生まれる多分に政治的・文化的な問題であるので、トップマネジメントに防衛イノベーションを推進する意識と覚悟がなければ、防衛利用のポテンシャルがある先端技術がいくら豊かにあったとしても、現行路線を変えない理由はいくらでも見つかるので、防衛力の強化には結びつかない。

重要なのは、抑止する相手国が防衛イノベーションを促進し、ブレークスルーを経て先端技術の兵器システム化とそれを活用する新たな作戦構想、そしてその作戦構想を実効化する指揮・統制システムを整備したときに生じる能力ギャップと、それがもたらすリスクに目を向けることである。戦略的競争の本質は非対称性を生み出すことにあるのだとすれば、防衛イノベーションは有望か無謀かという議論は筋違いなのであり、防衛イノベーションをいかに迅速に効果的に進めるかが問われるべきである。

防衛力の抜本的な強化を超えて、革新的な強化を果たしていくための組織的な取り組みは、中国の現状変革志向が根本的に変化するまで絶え間なく推進されなければならないのであり、先端

(18) 防衛省資料(2024)「安全保障分野における産学官の研究開発エコシステム構築」(https://www.mod.go.jp/j/policy/agenda/meeting/drastic-reinforcement/pdf/siryo02_03.pdf)

技術の防衛利用は中長期的な日本の平和と安定を担保する国家的事業であるという理解が、日本国民の間で普及していかねばならない。

【参考文献】

- 高橋杉雄（2023）『現代戦略論——大国間競争時代の安全保障』並木書房
- 塚本勝也（2012）「軍事における革命（RMA）の理論的考察——変革の原動力としての技術、組織、文化」『防衛研究所紀要』第15巻第1号、1－18頁
- 内閣官房（2022）「国家防衛戦略」（令和4年12月22日・国家安全保障会議決定・閣議決定）
- 防衛省「安全保障分野における産学官の研究開発エコシステム構築」2024年8月2日
- 防衛装備庁（2023）「防衛技術指針2023」
- 森聡（2016）「ベトナム戦争後の米国の通常戦力の革新——『オフセット戦略』の起源と形成に関する予備的考察」日本国際政治学会2016年度研究大会、アメリカ政治外交I分科会提出論文
- ——（2017a）「技術と安全保障——米国の国防イノベーションにおけるオートノミー導入構想」『国際問題』第658号、24－37頁。
- ——（2017b）「オバマ政権期における国防組織改編の模索——国防イノベーションの組織的側面」『国際安全保障』第45巻第1号、24－42頁
- ——（2021a）「米国防省の技術政策—民間の先端技術の取り込み」東京大学未来ビジョン研究センター、SSU-Essay No. 1
- ——（2021b）「米軍による国防イノベーションの推進——AIとJADC2」日本国際問題研究所、研究レポート（ウェブ公開）
- ——（2022）「米国防省の技術政策（2）——国防イノベーション・ユニット」東京大学未来ビジョン研究セ

ンター」 SSU-Essay No. 6

- Krepinevich, Jr., Andrew F. (1994) Cavalry to Computer: The Pattern of Military Revolutions, *The National Interest*, 37: 30-42.
- —— (2002) *The Military-Technical Revolution: A Preliminary Assessment*, Washington D.C.: Center for Strategic and Budgetary Assessments.
- Pettyjohn, Stacie, and Hannah Dennis, and Molly Campbell (2024) *Swarms over the Strait: Drone Warfare in a Future Fight to Defend Taiwan*, Washington D.C.: Center for a New American Security.
- Cheung, Tai Ming and Thomas G. Mahnken (2024) *The Decisive Decade: United States-China Competition in Defense Innovation and Defense Industrial Policy In and Beyond the 2020s*, Washington D.C.: Center for Strategic and Budgetary Assessments.
- Mori, Satoru (2019) U.S. Technological Competition with China, *Asia Pacific Review*, 26(1): 77–120.
- —— (2018a) Japan-U.S. Defense Cooperation in the Age of Defense Innovation: The Challenges and Opportunities of Strategic Competition with China, Strategic Japan Working Paper, Center for Strategic and International Studies.
- —— (2018b) U.S. Defense Innovation and Artificial Intelligence, *Asia Pacific Review*, 25(2): 16–44.

論点
15

日本のインテリジェンスは必要十分か

中曽根平和研究所主任研究員　大澤淳

POINT

国家のインテリジェンスは、情報に横串を通すインテリジェンス・コミュニティが確立されているか、情報を収集する能力と分析・評価する能力が十分にあるか、によって左右される。デジタル時代となり、インテリジェンスの80～90％が公開情報（OSINT）をもとに作成される今、ネット上のOSINTの収集、自動処理、解析に十分な予算と人的資源を確保することが、日本のインテリジェンスの喫緊の課題になっている。

1. そもそもインテリジェンスとは何か

○80～90%は公開情報がベース

「インテリジェンス」と聞くと、映画『007』でよく知られる英国秘密情報部MI6のジェームズ・ボンドや米国の作家トム・クランシーが書いたCIAのジャック・ライアンを思い浮かべる人が多いであろう。インテリジェンスは、日本で長らく「諜報」と訳されてきた。そのため、「スパイが秘密裏に集めた情報＝インテリジェンス」と思われがちであり、国外の秘密の情報収集・情報工作を任務とするMI6やCIAのような活動が、インテリジェンス活動であると誤解されてきた。

しかし、スパイなどによる秘密情報の収集はインテリジェンスの一要素にすぎず、SNSも含めてインターネット上に様々な情報が溢れている現在のデジタル時代においては、情報機関のインテリジェンスの80～90%が公開情報（OSINT：Open Source Intelligence）をもとに作成されていると分析されている。[1] そのため、膨大な公開情報をいかに効率的に収集し、必要な情報を引

（1） Gibson, S. (2007) OSINF: the lifeblood of decision-making, The Royal United Services Institute. (https://rusi.org/publication/osinf-lifeblood-decision-making)

き出すことができるかが、デジタル時代のインテリジェンスの一番の課題となっている。

インテリジェンスは、「インフォメーションを材料として、インテリジェンス・サイクルを経て生産される、判断・行動をするために必要な知識」と定義される。(2) インテリジェンスのもととなる「インフォメーション（情報）」は、評価・加工される前の生の観察、報告、噂、画像、音声や映像であり、インテリジェンスは、様々なインフォメーションを統合・分析・評価・解釈してできあがる「情報の集まりが持つ意味」のことを言う。

インテリジェンスは、インフォメーションの収集方法によって、HUMINT（スパイや情報提供者など人の収集によってもたらされる情報）、SIGINT（通信傍受などの通信の電気的信号の収集によってもたらされる情報）、IMINT（偵察衛星や偵察機など画像や映像の収集によってもたらされる情報）や先に述べたOSINT（報道やインターネットなど公開されている情報の収集によってもたらされる情報）がある。

デジタル時代においては、膨大な情報がSNSや動画、音声でインターネット上に投稿されており、インテリジェンスの多くが、OSINTから生成されると言われている。もちろん、インターネット上の情報でも、SIGNALやTELEGRAMのようにセキュア・アプリで暗号化されピアツーピア（1対1）で通信されているものもあり、暗号解読を含むSIGINTも重要な情報源となっている。

○インテリジェンス・サイクル

インテリジェンスを理解するうえで、もう一つ重要な概念として「インテリジェンス・サイクル[3]」と言われるプロセスがある。

インテリジェンスは情報を評価して、情報に意味づけをするが、その「意味」が誰にとっての「意味」なのかが重要となる。同じ情報でも、国家指導者なのか企業経営者なのか、インテリジェンスを必要とする人によって意味が変わってくるからである。そのため、インテリジェンスの世界では、この「意味」を必要としている「カスタマー（ユーザー）」が何を求めているのか、すなわち「情報要求（リクアイアメント）」が非常に大切な出発点となる。

図15－1に示したように、インテリジェンス・サイクルでは、カスタマー・サイドからの「情報要求」をサイクルの出発点として、情報要求に基づき、どのような情報を集めるのか「計画・方向づけ」を行ったうえで、実際の情報収集を始める。そして、HUMINT、SIGINT、IMINT、OSINTで集められた情報を集約し、処理・加工を行う。そのうえで情報を総合して分析し、インテリジェンスの生成を行う。最後に、情報要求したカスタマーに対して生成さ

(2) 北岡元（2005）「インテリジェンスとインフォメーション」猪口孝他編『国際政治事典』弘文堂、95－96頁。
(3) 北岡元（2005）「インテリジェンス・サイクル」猪口孝他編『国際政治事典』弘文堂、95頁。

図15－1　インテリジェンス・サイクル

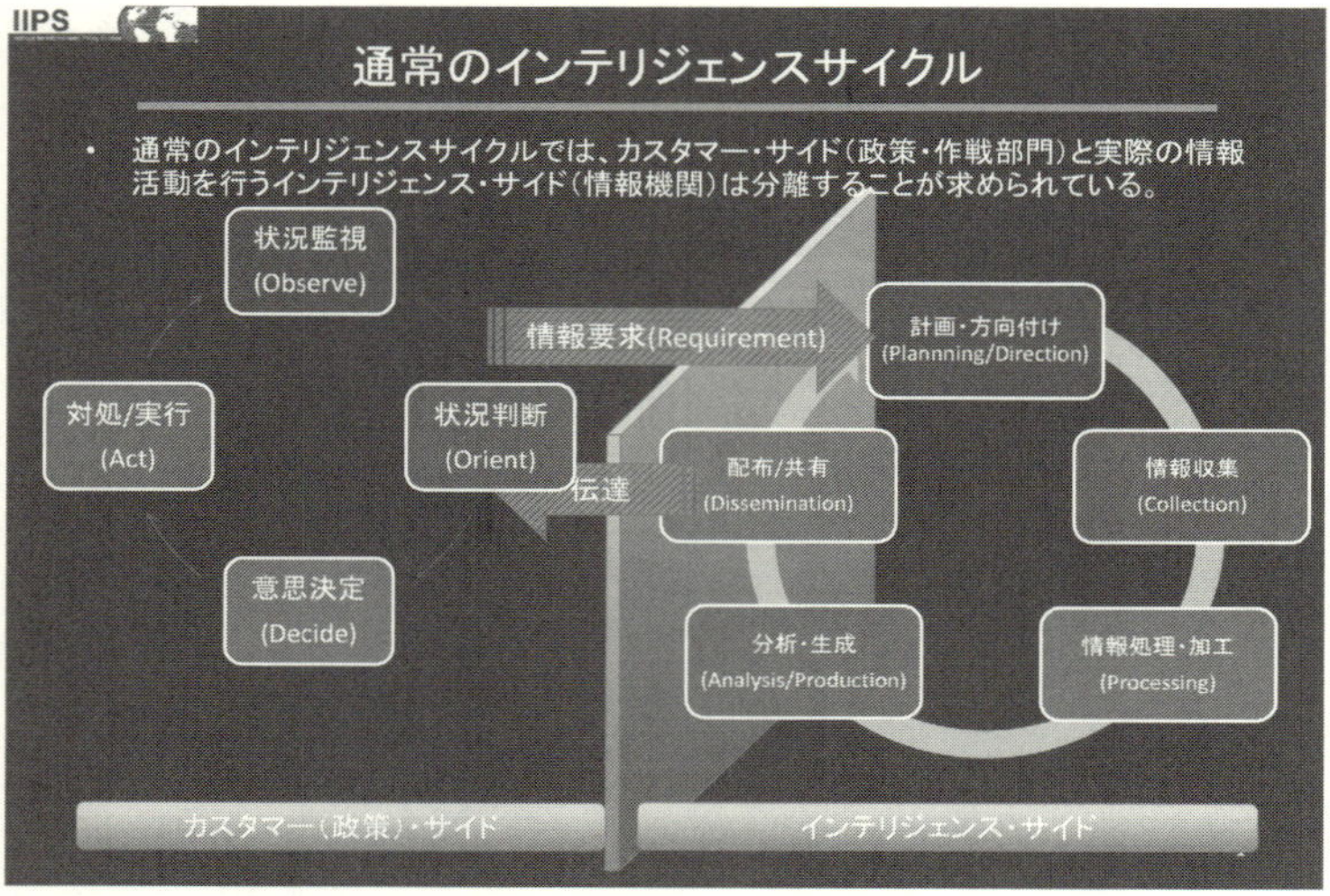

（出所）各種資料より筆者作成

れたインテリジェンスを伝達し、一連のサイクルが終了する。

安全保障においては、情報要求を行うカスタマーは、国家指導者や安全保障政策当局となる。インテリジェンスを受け取った指導者や当局は、インテリジェンスを状況判断に用いて、意思決定と対処・実行を行う。カスタマーの側でも、インテリジェンスを基盤として、政策の判断や実行を行う政策サイクルが回っている。

○日本のインテリジェンスが十分かどうかを判断するには

安全保障環境が厳しくなるなかで、日本のインテリジェンスは必要十分な能力を持っているのかしばしば話題となるが、この場合に使われている「インテリジェンス」は、先に述べた「加工・評価された知識」ではなく、「国家が安全保障戦略や政策を判断する基盤となる情報を収集し、分析・評価する活動」を指している。日本のインテリジェンスが十分かどうかを判断するためには、「インフォメーション」を収集する能力が十分なのか、「インフォメーション」を分析・評価する能力が十分なのか、2つの側面から見ていく必要がある。

また、冒頭に述べたように、デジタル時代は世界を駆け巡る情報の量が昔に比べて格段に多くなっている。さらに、デジタル時代はすべての人が情報の需要者であるとともに情報の発信者でもあり、膨大な量の情報が発信されると同時に、偽の情報や誤った情報も大量に生成される。膨大な情報をどのように集めるのか、とともに膨大な情報の真偽をどのように判断するのかも問われる時代になっている。

2. 日本と主要国のインテリジェンス・コミュニティと人員・予算

次に、インテリジェンス組織の量的な規模と質的な観点から、日本のインテリジェンス能力が十分であるのかを検討してみたい。国家のインテリジェンス能力は、インテリジェンス組織だけでなく、関係省庁にまたがる情報組織の情報を取りまとめることができるのか、が肝とされる。(4)

(4) 北岡元（2005）「インテリジェンス・コミュニティ」猪口孝他編『国際政治事典』弘文堂、95頁。

そのため情報関係組織を横断するインテリジェンス・コミュニティがしっかりと形成され、情報の横串が通されているのかが、国家のインテリジェンス能力を測るうえで重要となっている。日本のインテリジェンス・コミュニティと同じ議院内閣制をとる英国のインテリジェンス・コミュニティを比較し、参考として米国のインテリジェンス・コミュニティも概観してみたい。

○日本

戦前の日本のインテリジェンス組織は、陸海軍情報部や特務機関、外務省調査部、外務領事館警察、内務省警保局、特別高等警察、司法省刑事局など複数存在したが、それぞれが縦割りで「これらの組織がコミュニティを形成したことは一度も無かった」と日本のインテリジェンス研究の第一人者の小谷賢は指摘している。[5]

軍の特務機関としてよく知られているものとしては、日露戦争中スウェーデン駐在武官の明石元二郎大佐が設置した「明石機関」がある。明石機関は、帝政ロシアに関する情報収集の他にも、ロシア国内の反戦・反政府運動を支援し、戦争を有利に進める後方攪乱を行っていた。

これら戦前の日本のインテリジェンス組織は、敗戦によってほとんどが解体された。[6] 陸海軍の情報将校の多くが公職追放となり、外務省調査部や中国大陸の領事警察、特別高等警察などの軍以外の情報組織も解散させられた。現在も中国・北朝鮮・ロシアのテレビ放送やラジオ放送のモニタリング（いわゆるＯＳＩＮＴに当たる）を行っている一般財団法人ラヂオプレスは、外務省調査部ラヂオ室が終戦時に独立して外郭団体となった組織である。

戦前のインテリジェンス組織で唯一残ったのが、内務省警保局（今の警察庁に当たる）であった。内務省も1947年に解体されるが、インテリジェンス機能は法務庁特別審査局（後の公安調査庁）と国家地方警察本部（後の警察庁と都道府県警察）の警備公安警察に引き継がれた。

1952年には、防諜を任務とする外事警察が設立されるとともに、内閣に内閣総理大臣官房調査室（後の内閣情報調査室）が設置された。同調査室は、1957年に内閣調査室、86年に内閣情報調査室となり、現在に至っている。日本では幾度も対外情報機関の設置が試みられたものの、現在に至るまで実現していない。

現在の日本のインテリジェンス・コミュニティは、この内閣情報調査室を中心に、外務省国際情報官組織、防衛省情報本部、警察庁警備局、公安調査庁で形成される。情報を総合的に把握するため、内閣には官房長官を長とする内閣情報会議が設置されている。前記の4つのインテリジェンス組織の長や事務次官に加えて、内閣危機管理監、内閣情報官、財務省、金融庁、経済産業省の事務次官と海上保安庁長官、国家安全保障局長が構成メンバーとなっている。

事務的な情報集約は、内閣情報会議の下に設置されている合同情報会議（事務の内閣官房副長

(5) 小谷（2012）10頁。
(6) 戦後の日本のインテリジェンス組織の形成の経緯は、小谷（2022）に詳しい。

官主催）が担っており、内閣危機管理監、内閣官房副長官補、内閣情報官、国家安全保障局長の他、４つのインテリジェンス組織から局長級が出席している。

日本のインテリジェンス・コミュニティの規模は、諸外国のようにとりまとめられていないが、小谷賢の推計(7)では、予算規模約１５００億円、人員約５０００名となっている。人員の内訳は、内閣情報調査室約２００名、内閣衛星情報センター約３００名、外務省国際情報統括官組織約80名、防衛省情報本部約２０００名、公安調査庁約１８００名、警察庁外事情報部約２５０名等である。予算の内訳は、内閣衛星情報センター約６５０億円、防衛省情報本部が約７５０億円、公安調査庁約１６０億円等となっている。

○英国

議員内閣制をとる英国政府の国家安全保障は、首相を議長とする国家安全保障会議（NSC：National Security Council）によって意思決定が行われている。設立は日本と同様に比較的新しく、キャメロン内閣の２０１０年である。メンバーは首相の他に、副首相、財務大臣、外務大臣、内務大臣、国防大臣など8名の閣僚からなる。

英国の国家安全保障会議は、国家安全保障顧問をヘッドとする国家安全保障局（NSS：National Security Secretariat）によってサポートされている。この国家安全保障を情報面から支えているのが、インテリジェンス・コミュニティの合同情報委員会（JIC：Joint Intelligence

Committee）である。

英国では秘密情報部、保安部（ＭＩ５）、政府通信本部（GCHQ：Government Communications Headquarters）、国防情報部（ＤＩ）などの情報機関が横並びであり、ＪＩＣは、これらの情報機関の活動の企画・調整を行い、監督を実施している。ＪＩＣの設立は歴史的に古く、第２次世界大戦直前の１９３６年で、57年から内閣府に移管されている。

英国のインテリジェンス・コミュニティの規模は、直近の２０２２年末時点で、ＭＩ５、ＭＩ６、ＧＣＨＱの３情報機関で、予算約35億ポンド（約５６００億円、内人件費12億ポンド、その他経費23億ポンド）、人員約1万６０００名、国防省情報部（ＤＩ）が予算約３・５億ポンド、人員約４２００名と報告[8]されている。

デジタル時代のＯＳＩＮＴ／ＳＩＧＩＮＴ情報の収集を英国で担っているのが、ＧＣＨＱである。機構上は外務省の傘下にあるが、実質的には首相直属の独立機関となっている。英国陸海軍の情報機関がその前身で、１９１９年に政府暗号学校として発足した。第２次世界大戦中は、無線傍受と暗号解読を主任務とし、ドイツの暗号「エニグマ」を解読したことで有名である。

（７）小谷（２０２２）47頁。
（８）UK Intelligence and Security Committee of Parliament, Annual Report 2022-2023, December 2023 (https://isc.independent.gov.uk/wp-content/uploads/2023/12/ISC-Annual-Report-2022-2023.pdf)

デジタル時代となり、ＧＣＨＱはＳＩＧＩＮＴ収集の主軸をインターネットに置いており、英国国内外に設置された通信傍受局でインターネット上の通信を傍受していると言われている。また情報収集の一環として、ハックバックを行っていることを明らかにしている。

○米国

大統領制の米国では、大統領に直属する国家情報長官（ＤＮＩ）の傘下に、中央情報局（ＣＩＡ）、国務省情報調査局（ＩＮＲ）、国土安全保障省情報分析局、沿岸警備隊情報局、エネルギー省情報対諜報局、財務省情報分析局、連邦捜査局（ＦＢＩ）、麻薬取締局と国防省系の9組織（国防情報局〈ＤＩＡ〉、国家安全保障局〈ＮＳＡ〉、国家地球空間情報局〈ＮＧＡ〉、国家偵察局〈ＮＲＯ〉、国家宇宙情報センター、と陸・海・空・海兵隊各情報部）の計17組織が、インテリジェンス・コミュニティを形成している。

米国のインテリジェンス・コミュニティの規模は、２０２３会計年度で、国防省以外の情報機関予算が７１０億ドル（約10兆３０００億円）[9]、国防省関係情報予算が２７９億ドル（約４兆円）[10]となっており、人員規模の詳細は明らかでないが、約20万人との分析もある。[11]

以上見てきたように、量的な側面で見ると、日本のインテリジェンス・コミュニティは、国家の規模に比べて、予算も少なく、人員規模も小さいことが見て取れよう。英米以外では、フランスの対外治安総局（ＤＧＳＥ、英国のＭＩ６や米国のＣＩＡに相当）が、人員７０００人、予算８・８億ユーロ（約１４００億円）、ドイツの連邦情報庁（ＢＮＤ）が、人員６５００名、予算10億ユーロ（約１６００億円）となっており、対外情報機関単体で日本のインテリジェンス・コミュニティをすべて合わせたより多い人員と予算を有している。

長年インテリジェンスを研究している小谷賢は、「欧米のインテリジェンス・コミュニティはそれぞれの軍（予算）のおよそ5〜10％[12]」と指摘しているが、日本のインテリジェンス予算の対国防予算割合は防衛費倍増が決定される前で３％程度、防衛費がＧＤＰ２％になると１・５％となり、欧米に比べて著しく少ないことが分かる。

後に述べるように、デジタル時代のインテリジェンス情報の収集はネット上のＯＳＩＮＴに移行しつつあり、ますます予算が必要になってきている。防衛費は倍増されたが、厳しい安全保障

（9） U.S. Office of National Intelligence, DNI Releases Appropriated Budget Figure for 2023 National Intelligence Program, October 30, 2023.（https://www.dni.gov/index.php/newsroom/press-releases/press-releases-2023/3734-dni-releases-appropriated-budget-figure-for-2023-national-intelligence-program）

（10） U.S. Department of Defense, Department of Defense Releases FY 2023 Military Intelligence Program Budget, October 30, 2023.（https://www.defense.gov/News/Releases/Release/Article/3573249/department-of-defense-releases-fy-2023-military-intelligence-program-budget/）

（11） 小谷（２０１２）43頁。

（12） 小谷（２０１２）47頁。

環境を考えると、インテリジェンス予算の確保も必要であると言えよう。

3．デジタル時代のインテリジェンス情報の収集

米国のインテリジェンス・コミュニティは、2024年3月、初めてのOSINT収集に関する戦略「インテリジェンス・コミュニティOSINT戦略2024－2026」[13]を発表した。公表されたのは秘密情報を除いた非機密扱いの公開版で短い文章だが、OSINTがかつてないほど強力で不可欠なものとなっており、クラウドコンピューティングと人工知能を活用して、膨大な公開データセットから実用的な洞察を引き出し、インテリジェンスのカスタマーに提供している機会が増えている、と述べられている。

さらに、OSINT活用の戦略目標として、①オープンソースデータの取得と共有の拡大、②統合オープンソースコレクション管理の確立、③新しい能力を提供するためのOSINTイノベーションの推進、④次世代OSINTの人材と技能の開発、の4つの戦略目標を掲げている。

実際に米国のインテリジェンス・コミュニティがOSINTの収集にどの程度の予算を充てているのかは、明らかにされていないが、エドワード・スノーデンが2013年にリークした秘密文書の報道によれば、2013会計年度予算で、CIAはデータ分析に11億ドル（約1600億円）、データ処理と入手に3億8700万ドル（約560億円）、国防総省傘下で通信傍受に従事

している国家安全保障局（ＮＳＡ）は、データの収集・処理・分析に56億ドル（約８０００億円）を使っているとされている。[14] それから10年あまりがたち、ネット上の公開情報が膨大な量に達していることを考えると、これをはるかに上回る予算が、ＯＳＩＮＴの収集・分析に充てられていると考えられる。

ＳＮＳ上のデータ生成量を毎年解析しているＤＯＭＯ社は、２０２３年版のデータ生成量解析「Deta Never Sleeps」で、次のように解析している。[15]

グローバルなインターネット人口は２０１３年の21億人から23年には52億人に増加し、１分間平均で、2億４０００万通のメール、36万回のX上のツィート、６００万回のグーグル検索、４１００万回のワッツアップメッセージの送信、４００万回のFacebookの投稿がされている。若者に人気のあるテイラー・スウィフトの楽曲も1分間に7万回ストリーミングされている。

このように、ネット上の情報は幾何級数的に増加しており、膨大なデータを扱うクラウド・セ

(13) U.S. Intelligence Community, The IC OSINT Strategy 2024-2026: The INT of First Resort: Unlocking the Value of OSINT, March 8, 2024. (https://www.dni.gov/files/ODNI/documents/IC_OSINT_Strategy.pdf)
(14) ABC News (2013) Report: Classified U.S. Intelligence 'Black Budget' Revealed, August 30, 2013. (https://abcnews.go.com/Blotter/report-classified-us-intelligence-black-budget-revealed/story?id=20112040)
(15) DOMO (2023) Data Never Sleeps 11.0, December 2023. (https://www.domo.com/jp/learn/data-never-sleeps-11)

図15‑2　デジタル時代の OSINT 分析・評価

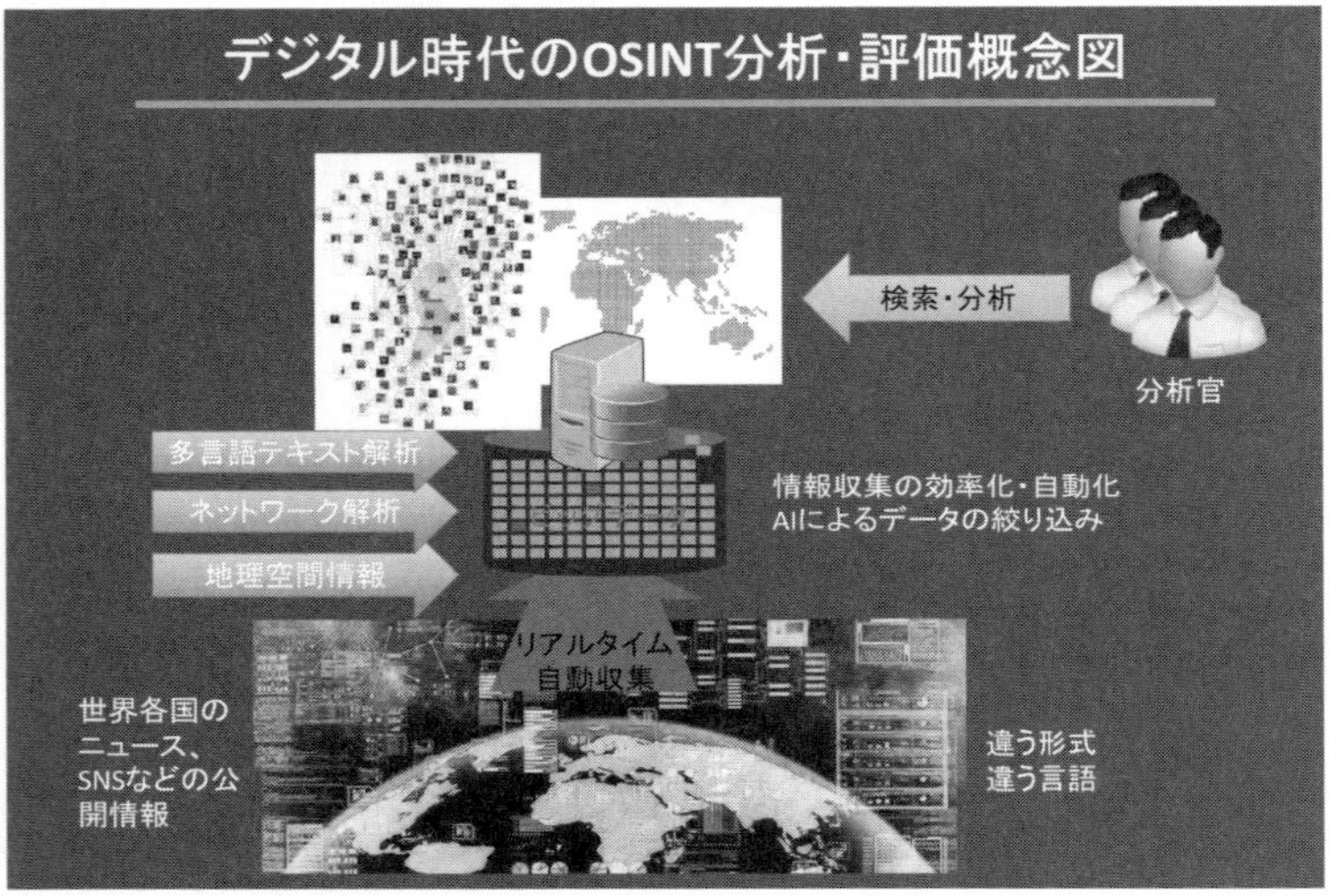

（出所）各種資料より筆者作成

ンターの市場規模は、世界全体で5635億ドル（総務省『令和6年度情報通白書』）と推計されている。

これだけ大量のネット上の情報のすべてがインテリジェンスの収集対象ではないにしても、先の米国の事例を考えると、OSINTの分析には、図15－2のような自動収集、データーセンター、AIによる解析などITシステムのフル活用が必要で、これを行おうとすると数千億円単位の予算が毎年必要であろうことは、容易に想像できる。

4. デジタル時代の日本のインテリジェンス能力構築に向けて

このようなデジタル時代のインテリジェンスの情報収集を考えたとき、米国が実施しているようなネット上のOSINTの収集、自動処理、解析は不可欠であり、日本のインテリジェンス・コミュニティの人員や予算の現状を考えると、抜本的な強化が必要となる。

リアルタイムで自動収集した情報は、ビッグデータとしてクラウド上でいったん保存する必要があり、インテリジェンス組織独自のデータセンターを建設しようとすれば、30MWから50MWの受電容量の中規模なもので、500億~600億円程度[16]が必要となる。また、先の米国の例で述べたように、データの処理や分析にも相当の予算が必要となる。少なくとも予算面では、現状の1500億円程度から3倍程度増やさないと、デジタル時代のインテリジェンス能力の構築はおぼつかない。

また近年、国家が関与するサイバー攻撃の深刻度が烈度を増し、民主主義プロセスを脅かすような情報操作型のサイバー攻撃を行うロシアのような国が出てきたことから、欧米では国家が主導する形でサイバー安全保障が強化されており、能動的サイバー防御を取り入れる動きが加速し

(16) NTTの京都府精華町のデータセンター計画やソフトバンクの苫小牧市のデータセンター計画から推計。

ている。能動的サイバー防御の導入は、日本でも2022年12月の国家安全保障戦略で決定され、実施に向けた法整備の議論が現在行われている。

この能動的サイバー防御を行うためにも、デジタル空間のインテリジェンス情報収集能力の構築は不可欠である。能動的サイバー防御のためには、サイバー攻撃者のアトリビューション（帰属性解決）を行う必要があるが、攻撃者特定のアトリビューションに資する技術的な手段として、米国では、通信傍受、メタデータの収集／集約、ハックバックが実施されている。

通信傍受等については、合衆国憲法を法的根拠とした国家安全保障目的で行われており、民間の電気通信事業者の協力を得て、越境通信の監視とバルクデータの収集・蓄積を実施している。実施主体は国防総省の国家安全保障局（NSA）で、外国情報監視法（FISA）および大統領の行政権限に基づく「TRANSIT」を根拠として、「特別資料源作戦（通称SSO）」と呼ばれる通信情報収集プログラムを実施している。

このSSOによって行われる通信傍受、メタデータの収集が、米国の能動的サイバー防御における攻撃検知・攻撃者の特定の基盤となっている。今後日本でも米国と同様の能動的サイバー防御を実施しようとすれば、相当な予算をかけて、デジタル時代のインテリジェンス能力を構築することが求められる。

【参照文献】

・上田篤盛（2016）『戦略的インテリジェンス入門』並木書房
・北岡元（2006）『インテリジェンスの歴史』慶應義塾大学出版会
・──（2009）『インテリジェンス入門（第2版）』慶應義塾大学出版会
・小谷賢（2012）『インテリジェンス』筑摩書房
・──（2022）『日本インテリジェンス史』中公新書
・リチャード・サミュエルズ（2020）『特務──日本のインテリジェンス・コミュニティの歴史』（小谷賢訳）日本経済新聞出版
・マーク・ローエンタール（2011）『インテリジェンス』（茂田宏監訳）慶應義塾大学出版会

論点
16

経済安全保障において経済と安全はどのようにバランスをとるべきか

京都大学教授
関山健

POINT

経済安全保障とは、重要物資の供給途絶や重要先端技術の流出・他国依存といった脅威から、国家・国民の生存、主権の独立、経済的繁栄を守ること。その手段には、潜在的敵対国からの制裁・威圧に対する「盾」となる防御の策と、逆に他国の敵対的行為を抑止する「矛」となる攻めの策とがある。しかし、政策文書では、経済安全保障の目的や脅威が曖昧なまま、民間の自由な経済活動を制限しがちだ。目的を明確にしたうえで、その達成に必要かつ合理的な範囲の制限に限定されるべきである。

1．経済安全保障とはなにか

○明確ではない定義

経済安全保障は、今や重要な国際課題の一つとの位置づけだ。2023年5月に広島で開催されたG7サミットの首脳コミュニケでは、「経済安全保障（economic security）」が独立した項目として初めて盛り込まれ、「経済的強靭性と経済安全保障をグローバルに確保することは、経済的な脆弱性の武器化に対する我々の最善の防御となり続ける」と宣言された（外務省、2023）。2024年にイタリアのプーリアで開催されたG7サミットでも、経済安全保障はワーキングランチで取り上げられ、首脳コミュニケに協力強化が盛り込まれている。

米国では、トランプ政権の2017年に策定された「国家安全保障戦略」も、その後のバイデン米大統領も、「経済安全保障は国家安全保障である」と明言している（The White House, 2021）。2022年に発表された「国家安全保障戦略」においても、経済は安全保障の中核と位置づけられている。EUも、欧州議会および欧州理事会が2023年6月20日に「欧州経済安全保障戦略に関する共同声明」を発表している。

日本は、G7サミットのちょうど1年前2022年5月に、「経済安全保障推進法」を制定した。同法は、安全保障の確保に関する経済施策を総合的かつ効果的に推進することを目的に、①重要

表16−1　日米欧の公式文書における経済安全保障の定義

		何を（価値）	何から（脅威）	どう（手段）
日本	国家安全保障戦略（2022年12月）	日本の平和と安全や経済的な繁栄等の国益（p.26–27）	経済的手段を通じた様々な脅威（p.26–27）	日本の自律性の向上、技術等に関する日本の優位性・不可欠性の確保等の経済施策（例：サプライチェーン強靱化、重要インフラ防衛、データ・情報保護、技術育成・保全）（p.26–27）
	経済安全保障推進法	安全保障の確保（第１条）	経済活動に関して行われる国家及び国民の安全を害する行為（第１条）	①重要物資の安定的な供給の確保 ②基幹インフラ役務の安定的な提供の確保 ③先端的な重要技術の開発支援 ④特許出願の非公開 （第１条）
米国	National Security Strategy（2017）	米国の繁栄と安全（p.17–18）	広範な戦略的背景のなかで繰り広げられる経済競争（p.17–18）	①国内経済の再建、②自由で公正な互恵的経済関係の促進、③研究、技術開発、発明、イノベーションの牽引、④国家安全保障基盤の維持促進、⑤エネルギー優位性の確保（p.18–23）
	National Security Strategy（2022）	①自由で開かれた、豊かで安全な国際秩序 ②繁栄（生活水準の継続的な向上） ③安全（侵略、強制、脅迫の不在） （p.10–13）	①中国、ロシア、他の独裁国家との戦略的競争 ②気候変動、パンデミック、経済の乱高下など共通の課題 （p.10–13）	①米国の労働力、戦略的部門とサプライチェーン（特にマイクロエレクトロニクス、先端コンピューティング、バイオテクノロジー、クリーン・エネルギー技術、高度通信などの重要な新興技術）に戦略的公共投資を行う ②劇的な世界的変化に対処するためのグローバリゼーションの調整 （p.10–13）

		何を（価値）	何から（脅威）	どう（手段）
EU	Joint Communication on a European Economic Security Strategy	繁栄、主権、安全（p.1–4）	①サプライチェーンの途絶（重要物資の高騰・供給停止） ②重要インフラへの物理的・サイバー攻撃 ③先端技術の優位性低下と流出 ④経済的依存関係の武器化または経済的強制 （p.4–6）	①競争力の増進 ②リスク対策（FDIスクリーニング、技術輸出管理など） ③G7等との国際連携 （p.6–14）

物資の供給網の構築、②基幹インフラの安全確保、③先端重要技術の開発支援、④特許の非公開制度について規定している。日本は、2022年12月に改定した「国家安全保障戦略」でも、経済安全保障政策を柱の一つと位置づけた。

しかし、これら政策文書のどれを読んでも、「経済安全保障」とは何かが明確には書かれていない。安全保障とは、何らかの脅威から、何らかの既得価値を、何らかの手段で守ることである（Wolfers, 1952）。しかし、経済安全保障については、公式文書では定義することが回避されるか、あるいは定義されても価値、脅威、手段のいずれかが曖昧にされる傾向がある（表16－1参照）。

○議論の3つの波

一方、学術論文、書籍、報告書などでは、経済安全保障の概念について昔から議論されてきた。

英語文献において経済安全保障は、所得や雇用など国内個人への経済的脅威に関する概念として用いられることが多い。そうした議論は戦前から存在している（Adams, 1936）。一方、経済政策に安全保障の側面があるという考え方も、1900年には早くもドイツの経済学者たちによって議論されていた（Arato, Claussen & Heath, 2020）。

その後も経済面の安全保障は、大きな経済ショックのたびに、断続的に政策上のスポットライトを浴びてきた。例えば、1970年代の石油危機（Pelkmans, 1982）、2007〜08年の食料危機（Dawe, 2010）、2008〜09年の金融危機（Whalen, 2011）、そして昨今の新型コロナウイルスのパンデミック（Falkendal et al., 2021）やウクライナ戦争など、世界的な危機に際して経済安全保障の問題はたびたび提起されてきた。日本でも、石油危機後の1970年代末、アジア通貨危機の1990年代末、そして米中摩擦やパンデミックなどに直面した現在と、経済安全保障をめぐる議論には3つの波がある。

では、「経済安全保障」とは、一体、何を脅威と捉え、その脅威から何を、誰が、どうやって守るものなのか。その定義が曖昧なまま、民間の自由な経済活動が制限を受けつつあるのが現状だ。定義が曖昧では、経済と安全のバランスすら検証できず、安全保障の名の下に民間の経済活動が過剰な制限を受けかねない。

そこで本章では、過去から現在に至る国内外の学術論文、書籍、報告書などの文献の検討を通じて経済安全保障の概念を整理し、経済と安全のバランスについて考察してみたい。

2. 経済安全保障の定義

表16－2は、本章でレビューした英語文献および日本語文献における経済安全保障の定義を、守るべき価値、それに対する脅威、その脅威を排除または低減する施策の視点から整理したものである。

○守るべき価値――国家・国民の生存、主権の独立、経済的繁栄

経済安全保障において守るべき価値として1970年代から現在に至るまで多くの論者に共通するのが、国家ないし国民の生存である。また、生存とともに、「政治的な自律性」（船橋、1978）ないし「独立」（長谷川、2006、自由民主党、2020）も指摘されている。ここで言う独立とは、主権の独立と捉えることができよう。

他方、こうした政治的な生存や独立とともに、「国民の経済生活」（高坂、1978）や「経済的な繁栄」（風木、2023）も多くの論者が異口同音に指摘するものである。つまり、経済安全保障によって守られるべき価値は、「国家・国民の生存」「主権の独立」「経済的繁栄」といったものであるということが、従来の議論からは言えそうである。

英語文献で、経済安全保障上の守るべき価値を明確に定義しているものは少ない。ただ、カナダのシンクタンクCentre for International Governance Innovationが２０２１年に発表した経済安全保障に関する報告書は、国内での議論と同様、国家の主権・国民の生命、国民生活の安定、経済的繁栄を挙げている（Ciuriak & Goff, 2021）。

○脅威

供給途絶

脅威については明確に定義していない文献も多い。ただし、資源、エネルギー、食料、その他の国民生活に不可欠な物資の不足は、１９７０年代から今日まで、内外の文献でしばしば指摘される脅威である（村上、１９７７、Cable、１９９５、長谷川、２００６、風木、２０２３）。近年言われるサプライチェーンの断絶も、これと同類の脅威と言えよう。

経済制裁・経済的強制

こうした重要物資の不足や供給途絶は、自然災害、国際情勢の不安定化、パンデミックなどによって生じることもあれば、供給国の政治的意図に基づく貿易制限などによって生じることもある。

英語文献では、後者の場合、すなわち他国による経済制裁や経済的強制が経済安全保障上の脅威として従来認識されてきた（Cable, 1995; Ciuriak & Goff, 2021）。いわゆるエコノミック・ステイトクラフトの脅威である。日本でも、特にここ数年、そうした敵対国による意図的な経済制

表16-2　日英文献における経済安全保障の定義

英語文献	何を（価値）	何から（脅威）	どう（手段）
A. B. Adams (1936) *National economic security.* University of Oklahoma Press		所得や雇用など国内個人への経済的脅威	
F. A. M. A. von Gensau & J. Pe1kmans, eds. (1982) *National Economic Security: Perceptions, Threats and Policies.* Tilburg.	政治的、軍事的、社会文化的国益	明記なし	経済政策の利用
V. Cable (1995) What Is International Economic Security? *International Affairs* 71(2), p.305–324.	①明記なし（国家の安全）	②防衛力に直接影響する貿易投資：武器入手の自由、軍事装備の供給、軍事上の技術的優位に対する脅威 ③攻撃（防衛）的経済政策：経済制裁、石油・重要鉱物等の供給不安 ④（相対的軍事力低下を招く）相対的経済力の低下 ⑤国際経済社会の不安定（テロ、密売）（p.306–308）	①潜在的な供給途絶に直面しても経済が機能する能力の確保 ②イノベーション集約型の戦略的競争時代における繁栄の確保（p.3-4）

日本語文献	何を（価値）	何から（脅威）	どう（手段）
村上薫（1977）『日本生存の条件――経済安全保障の提言』サイマル出版会	日本民族の生存（p.4）	資源、エネルギー、食糧の不足（p.39）	①備蓄 ②節約 ③供給源の多様化 ④資源大国（市場小国）との相互補完外交（p.26–38）
船橋洋一（1978）『経済安全保障論――地球経済時代のパワー・エコノミックス』東洋経済新報社	①国家の生存 ②経済相互依存によって維持され得る福祉 ③政治的な自律性（p.296–297）	他国や他国の多国籍企業の経済活動（p.296–297）	①自らの経済パワー（富による潜在的or明示的な攻撃力、抑止力、防御力）を極大化 ②他の経済主体の経済パワーを極小化（p.296–297）
高坂正堯（1978）「経済安全保障の意義と課題」『高坂正堯著作集第7巻国際政治』都市出版 p.595–616.	国民の経済生活（p.596–597）	例：軍事的脅威、政治的・経済的変動による資源供給の途絶・市場閉鎖（p.596）	①自給自足圏（ブロック化）（地政学的アプローチ） ②世界大の相互依存体制の創出と維持 ③広義の相互依存の維持を基本としつつ、最小限の自助（例：資源の備蓄）（p.611–614）
村山裕三（2003）『経済安全保障を考える――海洋国家日本の選択』日本放送出版協会	経済と安全保障が重なり合う「二重の領域」（例：デュアルユース技術の漏洩や他国依存）（p.57）		一般化は難しく、ケース・バイ・ケースの対応が必要（p.62）

日本語文献	何を（価値）	何から（脅威）	どう（手段）
長谷川将規（2006）「経済安全保障概念の再考察」『国際安全保障』第34巻第1号 p.107–130	①生存・独立 ②経済繁栄 （p.113–115）	①軍事力の行使、威嚇 ②経済的手段の行使、国際経済システムの機能不全 （p.115）	①軍事的手段：軍事力による攻撃、威嚇、抑止、進駐、護衛 ②経済的手段：報酬（支援・援助）、懲罰（制裁）、自国経済強化（自給率向上、備蓄、供給多角化など） （p.115–116）
自由民主党政務調査会 新国際秩序創造戦略本部（2020）『経済安全保障戦略策定に向けて』	日本の独立と生存および繁栄（『国家安全保障戦略』で定義された国益） （p.3）	明示なし	①戦略的自律性：備蓄・代替困難で供給元が限られるエネルギー等の戦略基盤産業で他国に過度に依存しないこと ②戦略的不可欠性：国際社会全体の産業構造の中で不可欠な技術・製品・サービスを民間企業が生み出す環境を整備すること（技術の保全・育成など）（p.8–10）
北村滋（2022）『経済安全保障——異形の大国、中国を直視せよ』中央公論新社	国民生活の安定と国家としての存立 （p.92）	重要産業の他国への依存および技術・人材の流出 （p.92）	①攻撃的側面：エコノミックステイトクラフト（経済措置の武器化） ②防御的側面：技術流出防止、外資規制、自律性確保（p.93–95）
風木淳（2023）『経済安全保障と先端・重要技術』信山社	「国家・国民の安全」あるいは「日本の平和と安全や経済的な繁栄等の国益」 （p.1–4）	明記なし （例：サプライチェーン分断、技術拡散、他国の規制、経済制裁・経済的強制、エネルギー・食糧の不足）（p.1–4）	輸出管理、投資審査、武器移転、武器国産化、経済制裁・経済的強制、サプライチェーンの多角化・強靭化、関与政策など（p.1–4）

裁や経済的強制の脅威が強調されるようになっている（長谷川、2006、風木、2023）。

技術の流出・他国依存

また、軍事的優位を損なうような相対的経済力の低下も経済安全保障上の脅威と捉える向きがある（Cable, 1995）。特に近年、半導体など先端技術の持つ重要性が以前にも増して重視されるようになってきた。

そうした重要先端技術の流出や他国依存の脅威は、1970年代にはあまり注目されてはいなかった。しかし近年は、民生分野の技術革新が目覚ましく、民生技術が軍事技術に転用される事例も増えている。そうした民生技術と軍事技術の境が曖昧なデュアルユースの問題が一般化したことから、技術の流出や他国依存の脅威が特に重視されるようになってきている（村山、2003、北村、2022）。

○手段――経済安全保障の盾と矛

重要物資の供給途絶あるいは重要先端技術の流出や他国依存が経済安全保障上の主たる脅威とすれば、経済安全保障の手段は、これら脅威を可能な限り排除または抑止するものであるべきである。

経済安全保障の盾①――供給源の多角化

したがって、求められることの一つは、重要物資の供給途絶に直面しても経済が機能する能力を確保することである（Ciuriak & Goff, 2021）。この点、重要物資が海外から十分に供給されない怖れを排除したいなら、すべてを自給自足したらよいというのが一つの論理的な解ではある（高坂、1978）。実際、20世紀の2度の大戦は、自給自足の生存圏をめぐる列強の戦いであった。しかし、安全のために国を閉じて自給自足をしたのでは比較優位の利益を享受できず、「経済的繁栄」の確保という経済安全保障上のもう一つの目的と相容れない。しかも、自然災害による重要物資の供給途絶という可能性については、自国内に供給源を集中させることこそリスクを高める。

そのため従来の議論でも、多様な資源を必要とする近代産業の時代においては、自給自足が「不可能に近いものになった」（高坂、1978）と考えられてきた。むしろ、供給源の多様化（村上、1977）ないしサプライチェーンの多角化（風木、2023）によって、重要物資の不足や供給途絶の脅威を低減することが提案されている。

また、供給源の多様化ないしサプライチェーンの多角化を可能とする前提条件として、自由で開かれた国際経済システムを維持することの重要性を説く論者もいる（高坂、1978、北村、2022）。

経済安全保障の盾②——備蓄

それと同時に、一時的な供給途絶に対して一定程度の自助の備えは必要であることから、「備蓄」の必要性を唱える論者は多い（村上、1977、高坂、1978、長谷川、2006、自由民主党、２０２０）。

経済安全保障の盾③――戦略的自律性の確保

一方で、備蓄や代替が困難で供給元が限られる重要物資の供給を他国に依存する場合、もしその国から供給制限による経済制裁や経済的強制を受ければ、「国家・国民の生存」「主権の独立」「経済的繁栄」の確保がおぼつかなくなる。

これは「武器化された相互依存」（Farrell & Newman, 2019）と呼ばれるリスクである。つまり、代替困難で供給元が限られる重要物資の供給国は、経済相互依存の網の目において多くの被供給国とつながる中心的な結節点となり、特定の国や取引先を供給網から一方的に遮断し得る非対称な力関係を手にする。

そうした重要資源のチョークポイント（要衝）を敵対国に握られないよう日本において提案されているのが、戦略的自律性の確保である。すなわち、備蓄も代替も困難で供給元が限られる重要物資については、他国に過度に依存しないということだ（自由民主党、２０２０）。

経済安全保障の矛――国際的に不可欠な製品・サービス・技術の開発・保全

裏を返せば、そうした国際経済のチョークポイントを自国が握れば、潜在的敵対国への抑止となり得る。つまり、国際社会全体の産業構造のなかで不可欠な製品やサービスを民間企業が生み出す環境を整備することが、経済安全保障上重要な施策ということだ。戦略的不可欠性の向上である。

前述した供給源の多角化や戦略的自律性の確保が敵対国のエコノミック・ステイトクラフトに対する盾となる防御の策だとすれば、戦略的不可欠性の確保は攻撃力をもって相手国へ反撃あるいはその敵対的行動を抑止する攻めの策である。

国際社会全体の産業構造のなかで不可欠な製品やサービスを自国で生み出すためには、先端技術の育成が不可欠だ。特に、レアメタルやレアアースのような重要鉱物資源を持たない日本のような国にとって、重要先端技術の育成による戦略的不可欠性の確保は死活的に重要である。

そのため最近は、先端重要技術の育成を経済安全保障上の一つの施策として重視する向きがある（自由民主党、２０２０）。カナダのCentre for International Governance Innovationの報告書が、イノベーション集約型の戦略的競争時代における繁栄の確保を経済安全保障の施策として挙げているのも、同様の趣旨と言えよう（Ciuriak & Goff, 2021）。

一方、せっかく開発した先端技術が流出したのでは戦略的不可欠性も損なわれる。また、前述した通り、民生技術と軍事技術の境がなくなってきていることから、敵対国に先端重要技術が渡れば軍事転用されて自国に対する軍事的脅威が増大するという事態もあり得る。したがって、特にここ最近の議論では、輸出管理や投資審査などで技術流出を防止すべきと提案するものが散見される（自由民主党、２０２０、北村、２０２２、風木、２０２３）。

3. まとめ

○守るべき価値と脅威

以上のように内外の文献で過去から現在までなされてきた議論を踏まえると、その最大公約数として、経済安全保障上の守るべき価値と脅威は以下のように定義できよう。

「経済安全保障とは、重要物資の供給途絶ならびに重要先端技術の流出や他国依存といった脅威から、国家・国民の生存、主権の独立、経済的繁栄を守ることである」

そのための手段には、潜在的敵対国からの制裁や威圧に対する盾となる防御の策と、逆に他国の敵対的行為を抑止するための矛となる攻めの策とがある。

防御の策としては、まず重要物資の供給源多様化ないしサプライチェーンの多角化を図ることが挙げられる。また、その前提条件として自由で開かれた国際経済システムを維持する外交努力をすることも求められる。加えて、一時的な供給途絶に対する備えとして一定程度の備蓄も必要だ。そのうえで、備蓄も代替も困難で供給元が限られる重要物資については、他国に過度に依存しない戦略的自律性を確保することが肝要である。

一方、攻めの策として、国際社会全体の産業構造のなかで不可欠な製品やサービスを自国に育成することで、他国の敵対行為に対して反撃あるいは抑止し得る戦略的不可欠性を確保することも必要となる。そうした戦略的不可欠性を確保するため、先端重要技術の育成と流出防止は経済安全保障上の重要な施策と言える。

○経済と安全のバランス——目的を明確にし、必要かつ合理的な範囲に抑えた制限を

しかし、経済安全保障のための民間経済活動の制限は、営業活動の自由を制限するものであることを我々は忘れてはならない。したがって、その規制手段は、守るべき価値に対する脅威の排除または抑止という目的を達成するための手段として、必要かつ合理的な範囲に限定されるべきである。

例えば、経済安全保障推進法は、基幹インフラが海外からの妨害行為にさらされることを防止するためとして、電気・ガス・水道、交通・運送、金融などの民間事業者が行う委託事業に対して国が事前審査、勧告、命令を行うことを定めている。

しかし、基幹インフラを海外からの妨害行為から守るために民間事業者に事前審査等の義務を課すことが、果たして本当に経済安全保障上の必要かつ合理的な規制なのかは議論の余地があろう。

もちろん、基幹インフラの安全確保は国民生活に不可欠であることは言うまでもない。だが、海外からの妨害行為だけが基幹インフラにとってのリスクではない。基幹インフラの安定的な役務提供にとっては、むしろ自然災害による影響の方が大きなリスクとなろう。そもそも同法は、

何を脅威と見るのか明記していないため、この規制が脅威排除の目的に照らして必要かつ合理的なのか評価のしようがない。

表16－1で指摘した通り、日本に限らず欧米でも政策文書では経済安全保障の定義は曖昧にされる傾向にある。しかし、経済と安全のバランスを考え、安全保障の名の下に民間の経済活動が過剰な制限を受けていないか政策評価を行うためには、経済安全保障の守るべき価値、脅威、手段の定義を疎かにすることはできない。

【参考文献】

（表16－1および表16－2に掲示したものを除く）

- Arato, J., Claussen, K., and Heath, J.B. (2020) The Perils of Pandemic Exceptionalism, *The American Journal of International Law*, 114 (4): 627–36.
- Cable, V. (1995) What Is International Economic Security?, *International Affairs*, 71 (2), 305–324.Ciuriak, D. & Goff, P. 2021. *Economic Security and the Changing Global Economy*. Centre for International Governance Innovation.
- Dawe, D. ed. (2010) *The Rice Crisis: Markets, Policies and Food Security*. FAO.
- Falkendal, T., Otto, C., Schewe, J., Jägermeyr, J., Konar M., Kummu, M., Watkins, B., and Puma. M.J. (2021) Grain export restrictions during COVID-19 risk food insecurity in many low- and middle-income countries, *Nature Food*, (2), 11–14.
- Farrell, H., Newman, A.L. (2019) Weaponized Interdependence: How Global Economic Networks Shape State Coercion, *International Security*, 44(1): 42–79.

- Pelkmans, J. (1982) The Many Faces of National Economic Security, In Frans A. M., Alting von Geusau, and Jacques Pelkmans ed. *National Economic Security: Perceptions, Threats, and Policies*. John F. Kennedy Institute.
- Whalen, C.J. ed. (2011) *Financial Instability and Economic Security after the Great Recession*, Edward Elgar Publishing.
- The White House. (2021). Interim National Security Strategic Guidance, Washington, DC: The White House. Retrieved March 1, 2024 (www.whitehouse.gov/wp-content/uploads/2021/03/NSC-1v2.pdf)
- Wolfers, A. (1952) National Security as an Ambiguous Symbol, *Political Science Quarterly*, 67(4): 485–502.
- 外務省（2023）G7広島首脳コミュニケ仮訳（https://www.mofa.go.jp/mofaj/files/100507034.pdf）２０２３年７月10日閲覧

論点
17

自衛隊をめぐる関連法制はどのように再構築されるべきか

平和・安全保障研究所理事長　徳地秀士

POINT

憲法の文言と現実との間の乖離を放置することは、国際社会における日本の姿勢としても問題が多い。憲法を改正して自衛隊をめぐる憲法論に結着をつけることがまず必要である。また、防衛関連法制は今や非常に分かりにくい複雑な法体系になっているが、緊急事態に対応するための法制度としてそのような状態は適切でない。さらに、国防任務と治安任務の厳格な区別ももはや現状には合わないと考えるべきである。運用者である自衛官にも容易に正しく理解されるためにも、分かりやすいすっきりした体系に改められるべきである。憲法、防衛関係法制のいずれについても、法律の専門家と軍事・安全保障の専門家の両者の共同責任で、分かりやすくて有効な防衛関連法制が再構築されるよう、両者の十分かつ率直な議論が求められる。

1. 憲法上の問題——憲法改正は何故必要か

○不幸な状況は解消しつつあるが

２０１４年、自衛隊は創設70周年を迎えたが、自衛隊はその立ち上がりの時点から苦難の連続であった。自衛隊は実戦経験のない軍隊などと揶揄されることもあるが、これについて源川幸夫は「僕たちは防大に入った時から戦いっ放しだったと思う。我々は、旧軍が全然経験してこなかった戦いをやって来ているんだよ」と述べ、その一例として「反自衛隊・反軍という四面楚歌の環境の中での戦い」を挙げている。(1)

そうした「四面楚歌の環境」は、東西冷戦構造を背景としたイデオロギー対立が憲法論に形を変えた自衛権論争(2)がその主たる要因である。これに関連して中西寛は、「日本国憲法と、日米安全保障条約、再軍備の間にあるねじれ、ないし不整合」を、戦後日本の安全保障問題を論ずるうえでの独特の困難であると指摘している。(3)

（1） 源川幸夫（２０１３）「源川幸夫オーラル・ヒストリー」防衛省防衛研究所戦史研究センター編『オーラル・ヒストリー 冷戦期の防衛力整備と同盟政策② 防衛計画の大綱と日米防衛協力のための指針〈上〉』防衛省防衛研究所、５２７頁。

（2） 小松一郎（２０１５）『実践国際法（第2版）』信山社、４３５頁。

また、日本の再軍備を促進した決定的要因は朝鮮戦争であったが、朝鮮戦争の意義を論ずるなかで、神谷不二は「一旦放棄した軍事力をふたたびもつというこの国家的大事業が占領軍司令部の指令によってはじめられ、国民的討議を経ないで行なわれることになったのは、わが国にとってまことに不幸なことであったと思う」と述べている(4)。

こうした不幸な状況は徐々に解消しつつある。1993年、自民党政権が崩壊し非自民の8党連立政権が成立し、それまで自衛隊を違憲としてきた日本社会党も政権に加わり、自衛隊は非自民の諸政党にも認知されることとなった。また、2003年に武力攻撃事態対処法(いわゆる有事法制)が、与党3党(自由民主党、公明党、保守新党)と当時の野党第1党である民主党による共同修正を経て国会議員の大多数の賛成で成立したことも、「自衛権論争」が下火になりつつあることを示すものであった。

ちなみに、自衛隊とは別組織をつくってソマリア沖の海賊に対応すべきだと主張して2009年に海賊対処法案に反対した民主党が、その後政権を担っていた時期に自衛隊の海賊対処活動に反対しなかったことも、類似の例と言えるだろう。

しかし、第2次安倍政権による憲法解釈の見直しとそれに伴う平和安全法制の策定をめぐる一連の議論は、決して「自衛権論争」が過去のものになっていないことを示すものであった。

○6つのねじれと不整合

戦争を放棄すると宣言して明確に「陸海空軍その他の戦力は、これを保持しない」としている日本国憲法第9条の文言と、国際的には「軍隊」と見なされる大きな軍事組織を維持・強化しているという現実との間にある「ねじれ、ないし不整合」が放置されていることが、こうした状態をつくりだしている。このような憲法上の問題点が解消されていないことにより、既に多くの問題点が生じている。ここでは、次の6点を指摘しておきたい。

第一に、国際社会の平和と安定を維持するために軍事力が果たす役割について日本国民の正しい認識を醸成することを妨げている。

神谷万丈は、戦後日本の平和主義のなかにある消極性の一つとして、「平和を構築する上で軍事力には不可欠の役割があり、平和を求める国家には時として軍事力を『使う』意思も求められるのだという認識が欠けていたこと」を挙げるとともに、「戦後の日本人には、平和と軍事を根本的に対立するものととらえ、平和のための軍事力の役割を認めようとしない傾向が強かった。それは、湾岸ショックにより日本人が『平和のために行動する意思』を取り戻した後も消えてい

（3）中西寛（2004）「戦後日本の安全保障政策の展開」赤根谷達雄・落合浩太郎編『日本の安全保障』有斐閣、2頁。
（4）神谷不二（1966）『朝鮮戦争――米中対決の原形』中央公論社、185頁。

ない」と指摘する。[5] 日本国憲法は、いわゆる「平和教育」と相まって、そうした傾向を助長する一因となっていると考えられる。

第二に、軍事力の管理は近代民主国家にとって極めて重要な役割であるにもかかわらず、文民統制について日本国憲法はほとんど何も語っていない。

統制の対象となる組織の保有を認めないのであれば、このことは当然と言えば当然であるが、文民統制をより確かな制度として確立するには、憲法上、自衛隊に関する規定がまったくないのは問題だろう。[6]

第三に、防衛力の保有に関する憲法の（見かけ上の）文言と日本政府による解釈および自衛隊の存在という現実との間に大きなギャップがあることから、憲法や、さらには法の支配という原則に対する信頼が損なわれかねないという問題点がある。

政府の憲法解釈が恣意的なものだとは考えられないが、見かけ上の文言の素直な解釈とは乖離があることは否定できない。そのことの故に、法規範一般に対する信頼を損なう可能性がある。[7]

しかも、憲法に防衛力の保持が明言されておらず、政府の憲法解釈も、憲法の規定が「主権国家としての固有の自衛権を否定するものではない」としたうえで「わが国の自衛権が否定されない以上、その行使を裏付ける自衛のための必要最小限度の実力を保持することは、憲法上認められる」という立場でしかない。[8] 国家の存立にとって不可欠な組織が「否定されない」という消極的な扱いにしかなっていない。

これで、憲法に定める民主主義体制を守るなどという気概を自衛隊員に持たせることができるだろうか。逆に、彼らは疎外感しか持たないのではないだろうか。

さらに言えば、第9条の存在は合理的な憲法論議を阻んでいるとの指摘もある。護憲派は同条を護持するためにあらゆる改憲提案を「蟻の一穴」論で反対し、改憲派は9条改正の実現に向けた実績づくりのために第1段階では国民に受け入れられやすい改憲を目指す「お試し改憲」論が繰り返し出てきたという指摘である。[9] これはもはや安全保障の分野を超えた大問題である。

第四に、憲法第9条は、日本は戸締まりをしないから安全でいられるということを日本が主張しているかのような印象を、世界に広めることとなる。

---

(5) 神谷万丈（2018年1月25日）「安倍首相は『平和を築くためには軍事力が必要』と国民に正面から語れ」『産経新聞』(https://www.sankei.com/article/20180125-KHGYBYW3JJKELDK7I3CQSDZUEQ/3/)

(6) Hideshi Tokuchi (2019) Implications of Revision of Article 9 of the Constitution of Japan on the Defense Policy of Japan, *Columbia Journal of Asian Law*, 33(1): 92 (https://doi.org/10.7916/cjal.v33i1.5453)

(7) なお、大沼保昭は、個別的自衛官の解釈を広げて「本来集団的自衛権に含まれると解される行為を個別的自衛権の行使として正当化すること」に関してではあるが、それを「一定程度可能」としたうえで、「こうした解釈による操作・正当化は国民の憲法へのシニシズムを生み、強める大きな要因となっている」と指摘する（大沼保昭［2004］「護憲的改憲論」『ジュリスト』1260：155頁）。

(8) 防衛省編（2024）『令和6年版　日本の防衛（防衛白書）』204頁。

(9) 井上武史（2020）「『九条論議』再考――その日本的特殊性について」『中央公論』5月号、141頁。

それで日本が国際社会の信頼を得られることはないだろう。また、日本が国際社会で法の支配の原則の重要性を訴えても、憲法の規定と実際との間の乖離を放置した状態が続けば、日本の主張の説得力が低下する。

第五に、憲法の規定は、日本政府の解釈をとるとしても、なお国際安全保障協力を阻害している。

集団的自衛権の行使が極めて限定した場合にしか認められないことがその典型例である。一般論として武力行使に慎重な姿勢は悪いことではないが、侵略を受けている国を助けることができないというのであれば、それは侵略国を利することにもなりかねない。それが平和愛好国のあるべき態度だとは思えない。

第六に、日本における安全保障論議の特殊性として、憲法上の制約をいかに回避するかが論議の焦点となりがちで、戦略論が育たないのである。

どの国にも多かれ少なかれ国内的な制約はつきものであるが、日本の場合、憲法により、世界に類を見ない大きな制約が課されていることから、制約回避策が議論の的となってしまう。しかも、そのなかには法律論に関する誤解に基づくものも見られることから、政策として妥当な選択肢の提案が法律論として容易に否定されてしまうのである。

例えば、集団的自衛権の行使が容認されたことから最近ではあまり聞かれなくなったが、しばらく前までは「日本が国際法上、集団的自衛権を保有しているのにそれを行使できないというのは法的におかしい」という主張があった。[10] 集団的自衛権は権利であり義務ではないから、国際法上保有しているとしてもそれを国内法で制限することは、法理としてはおかしなことではない。[11] 法的議論に対して無理に法的に反論しようとしているのかもしれないが、このような「法的」議論は論議を混乱させるだけである。

また、「憲法9条の下で集団的自衛権を行使できないという解釈をとることによって、日米安保条約における共同防衛の法的根拠についても、日本側は個別的自衛権に基づいて、米国側は集団的自衛権に基づいて行使するといった不均衡な形でしか説明することができない」という主張もあるが、[12] こうした主張もまた誤解を招く。日米安保条約第5条に基づく日米共同作戦は、日本に対する武力攻撃に対するものであるから、日本が個別的自衛権を行使して米国が集団的自衛権を行使することとなるのは至極当然であり、しかも憲法上の制約とは何の関係もないことだからである。

(10) 例えば、西修は「保有できるが、行使できない権利とはそもそも何なのか。……自衛権を個別に行使するか、集団的に行使するかは、政策の問題であって、憲法解釈の問題ではない」と述べている（西修［2005］「時代を見据えた憲法9条改正案を」『中央公論』6月号、159頁）。

(11) 小松一郎（2015）『実践国際法（第2版）』信山社、21頁、大沼保昭（2004）「護憲的改憲論」『ジュリスト』1260：154頁。

(12) 武蔵勝宏（2010）「日本は集団的自衛権を行使できるか」西原正・土山實男監修『日米同盟再考——知っておきたい100の論点』亜紀書房、187頁。

自衛隊を憲法上明記するだけでは以上のような問題点のすべてが解決するわけではない。また、こうした問題はそもそも憲法改正だけで解決するものでもないだろう。しかし、今の憲法の規定を改正して「ねじれ」を解消することによるメリットは、大きいと考えられる。

2. 自衛隊法上の問題点

今日、防衛省・自衛隊の組織、活動等に関連する法律は多岐にわたる。それは、とりわけ冷戦終結後、自衛隊の任務が拡大してきたことに伴うものである。自衛隊のことだけを規定した法ではないが、武力攻撃事態関連の諸法律（有事法制）、ＰＫＯ法、海賊対処法などはその典型例である。

しかし、防衛関連法制の中心となるのは、今でも防衛省設置法および自衛隊法である。防衛省設置法は、防衛省の設置、任務、所掌事務、組織を定めるものであり、自衛隊法は自衛隊の任務、部隊等の組織・編成、指揮監督、行動、権限等を定める。防衛省と自衛隊は実質的に同一であるが、「防衛省」が国家行政組織上の行政機関という静的な側面を表し、「自衛隊」は部隊による実力行動という動的な側面を表している。[13]

この2法の基本的骨格は１９５４年の制定以来ほとんど変化していないが、自衛隊の任務の拡大等に伴って今日では多くの問題が起きている。

細部を挙げていけばきりがないが、ここでは、自衛隊の任務や行動に着目して、主として自衛隊法に関してとかく話題となる論点、すなわち、①防衛法制が入り組んでいて分かりにくくなっていること、②国の防衛という任務と公共秩序維持という任務の区分、および③任務規定がポジティブリストになっていることの3点について、一つの考え方を提示することとしたい。

○①防衛法制の分かりにくさ

防衛法制については、しばしば「温泉旅館の建て増し」と揶揄されることがある。[14] 例えば、自衛隊の防衛出動（自衛権行使に係る規定）については、自衛隊法第76条にその要件が規定されているが、実際の命令発令の手続き等については、この条文だけを見ても分からない。武力攻撃事態対処法に政府としての手続きの全体像が示されているので、両方を見なければならない。

また、別の例を挙げると、国連平和維持活動（国連ＰＫＯ）への参加は自衛隊の本来任務の一つとされているが、ＰＫＯ活動等を行う際の手続き、具体的任務、武器使用等に関する規定は、

(13) 田村重信・高橋憲一・島田和久編（２０１２）『日本の防衛法制【第2版】』内外出版、67－68頁。

(14) 例えば、２００５年5月12日の衆議院安全保障委員会における本多平直議員の発言「いろいろな事態に継ぎ足し継ぎ足しでしてきたことで、建て増しを重ねた温泉旅館のようになっている」（衆議院会議録第162回国会安全保障委員会第10号［https://www.shugiin.go.jp/internet/itdb_kaigirokua.nsf/html/kaigirokua/001516220050512010.htm］）。

自衛隊法には一切置かれていない。自衛隊法第3条第2項で「別に法律で定める」ところによることになっており、「国際連合平和維持活動等に対する協力に関する法律」（ＰＫＯ法）に必要な法的事項はすべて規定されている。

ＰＫＯ法は、自衛隊を自衛隊としてではなく別組織をつくって派遣するという考え方の残滓が今なお残っていることに加え、自衛隊のみに適用される条文とそうでない条文とが混在することもあり、手続きが極めて分かりにくい構成になっている。

法律の規定は高度な厳密性が要求されることから、一般に分かりにくいものである。しかし、緊急事態に対応するための規定が入り組んでいて分かりにくいものであってよいことはない。理解に時間がかかり誤解を招くような仕組みが、一刻を争う緊急事態に対処するための法制度のあるべき姿であるとは考えられない。また、緊急事態への対処は政権の行方をも左右しかねない政治的案件であることから、分かりにくさが不要な政治的混乱を招くことも懸念される。

さらに言えば、実際に自衛隊法の規定に従って現場で行動するのは自衛官であり、彼らは軍事の専門家ではあっても法律の専門家ではない。一目で何の誤解もなく理解できる条文でなければ意味がないのである。

例えば、自衛隊法では、部隊が公共の秩序維持のための任務（自衛隊法第78条［命令による治安出動］、第82条［海上における警備行動］等）に従事する際の権限については、武器使用も含め、警察官職務執行法を準用することとなっている。

警察官の職務の執行において主体は「警察官」という個人であることから、自衛隊の行動に準用される場合も、「自衛官」が主体となっている（例えば、治安出動時の権限を定めた自衛隊法第89条第1項では「出動を命ぜられた自衛隊の自衛官の職務の執行」という言葉が使われている）。しかしながら、自衛隊は警察とは基本的な行動原理が異なり、その組織力を発揮して任務を遂行することが原則である。つまり、上官の命令に基づく組織行動を基本としている。[15]だからこそ、こうした公共の秩序の維持のための行動に従事するにあたっても、武器使用については、正当防衛や緊急避難に該当する場合を除き、部隊指揮官の命令によらなければならないことが明文で規定されている（例えば、自衛隊法第89条第2項）。

ところが、そのような詳しい説明は条文のなかに書かれているはずもないから、一部の条文だけを見て、個々の自衛官の判断で武器の使用ができるという誤った解釈をしてしまう人も出てきかねない。犯罪者を司法の場に引き出すのが目的の警察任務と外国による武力侵攻の排除を目的とする国防任務はまったく異なる任務であるにもかかわらず「警察官職務執行法」が準用されているということに対する感情的反発もあるのかもしれない。

このような単純な誤解は、法規定と部隊運用の双方を熟知した専門家による普段からのきめ細かな教育があれば解消されると期待されるものではあるが、規定の仕方が、別の原理に基づく法

---

(15) 田村重信・高橋憲一・島田和久編（2012）『日本の防衛法制【第2版】』内外出版、222頁。

の準用と一部の読み替えと修正という形になっており、しかも当該原理が原理として明示されていないことから、誤解が根本的に解消しないという危険が残るのである。

法の立案者は法律の専門家であっても、その法規定の実際の運用者は軍事の専門家であり、同じ防衛省・自衛隊に属していたとしてもやはり異なるのである。運用者に一目で分かりやすいという意味で、フレンドリーな規定につくり替えることが必要なのではないだろうか。

○②国の防衛と公共の秩序の維持について

自衛隊法第3条第1項は、「自衛隊は、我が国の平和と独立を守り、国の安全を保つため、我が国を防衛することを主たる任務とし、必要に応じ、公共の秩序の維持に当たるものとする」と規定する。これは、永らく自衛隊の「本来任務」とされてきたものである。今は同条第2項が加えられ、いわゆる国際任務も自衛隊の本来任務とされているが、ここでは、自衛隊発足当初から第1項に規定されている、国の防衛および公共の秩序の維持という2つの任務の関係について述べておくこととしたい。

この2つの任務はその性格が異なる。国の防衛、特に外敵による侵害の排除という行為は自衛隊という軍事組織にしかできない任務であるが、公共の秩序の維持は、第一義的には警察機関の任務である。しかし、事態によっては一般の警察力では対応できないこともあり得ることから、自衛隊が補完的に対応することとなる。自衛隊が治安出動、海上における警備行動などに従事する際、その行動の性格は警察作用と整理されている。

しかしながら、自衛隊が創設された戦後間もない頃と異なり、今日の日本の治安は格段に安定しており、自衛隊が出動しなければならないような国内治安上の緊急事態（例えば大規模な暴動）は考えにくい。むしろ、実際には公共の秩序の維持に関する行動類型は、今日では主として、対外的な安全保障の手段の一つとなっている。

例えば、海上における警備行動（自衛隊法第82条）は、北朝鮮の武装工作船や日本領海内を潜没して航行する外国海軍の潜水艦に対処するために実際に発動されている。また、ミサイル防衛のための制度として導入された「弾道ミサイル等に対する破壊措置」（自衛隊法第82条の3）は、日本に対する武力攻撃の発生（つまり、本格的な軍事侵攻）とは見なされないようなミサイルの飛来に対応するためのものであることから、防衛出動（自衛隊法第76条）によらず別個の規定を設けて迅速に対応できるようにしたものである。

この措置の法的性格については、「国家が国民に負う責務として、その損害を防止するために行う必要最小限の措置であり、これは、『公共の秩序の維持』のための作用に他ならないから、広い意味での警察権の行使に相当する」と説明されている。(16) 危険物の除去と同様という発想である。

（16） 田村重信・高橋憲一・島田和久編（2012）『日本の防衛法制【第2版】』内外出版、157頁。

北朝鮮の武装工作船は日本の漁船であるかのように偽装して出現したからまだしも、潜水艦の潜没航行や弾道ミサイルの発射への対応を「公共の秩序の維持」と位置づけ、警察権の行使と説明することについては、違和感のある方が常識的だろう。

警察権の行使の場合には、正当防衛、緊急避難に該当するときしか危害射撃はできないという考え方は正しくない。(17) したがって、武器使用に限界があるから警察権の行使では具合が悪いというのは適切ではないが、武力攻撃未満の主権侵害には警察権で対応するという基本的な考え方は変更した方が素直で、理解を促進するのではないだろうか。

2022年の「国家安全保障戦略」にある通り、「領域をめぐるグレーゾーン事態……等が恒常的に生起し、有事と平時の境目はますます曖昧になってきている」(18)。したがって、もはや国防任務と治安維持任務を明確に区別する考え方も変更を迫られている。

○③任務のポジティブリスト方式とネガティブリスト方式について

自衛隊法は、自衛隊の任務・権限についてポジティブリスト方式をとっているが、これでは事態に適切に対処できないという指摘がしばしばなされる。自衛隊法では防衛出動、治安出動、海上における警備行動等について個別の規定があり、いわゆる国際任務に関しては、例えばＰＫＯ法第３条第５号には「国際平和協力業務」の定義としてイからラまでの22項目が限定列挙されている。これについてどう考えるべきか。

まず、自衛権の行使については、ポジティブリスト方式はとっていない。自衛隊法第88条第1項で、防衛出動を命ぜられた自衛隊は、「わが国を防衛するため、必要な武力を行使することができる」とされ、第2項で、「前項の武力行使に際しては、国際の法規及び慣例によるべき場合にあってはこれを遵守し、かつ、事態に応じ合理的に必要と判断される限度をこえてはならないものとする」としか規定されていないからである。これはネガティブリスト方式の規定である。

治安出動、海上における警備行動等については、それぞれの行動について一つひとつ限定列挙しているという意味ではポジティブリストだろう。事態が防衛出動を必要とする武力攻撃事態に急速にエスカレートする可能性を考えれば、継ぎ目のない（いわゆるシームレスな）円滑な対応を進めるためには、こうしたポジティブリスト方式では不適切であるという考え方がある。

もともと、警察権の行使として整備されているこうした規定は、国民の人権を保護するという観点から、ポジティブリスト方式で限定列挙されている。したがって、国内の治安維持ではなく、上記のように外国勢力が日本の主権を侵害する行為を排除するという側面を重視するのであれば、ポジティブリスト方式の基本となる考え方はもはや考慮しなくてよいのかもしれない。しかし、

(17) 合理的理由があれば、立法的解決は可能である。現に、海上警備行動や海賊対処行動で例外措置は認められている。

(18) 国家安全保障会議決定・閣議決定（2022年12月16日）「国家安全保障戦略について」4頁。

治安維持のためのこうした個々の行動は、それぞれの烈度が異なるし、異なる事態に対応できるようにするため、発動の要件が異なっている。したがって、個別の規定を置く必要性はなくならない。これをもってポジティブリストであると批判するのが不適切なのである。

国際任務については、別途の考慮は必要だろう。PKO法の「平和協力業務」のように可能な業務を限定列挙するのでは、現場のニーズに柔軟に対応できない可能性は十分に理解できる。また、いずれも個人の権利を侵害するような行為ではないから、厳密にポジティブリスト方式を貫く必要もない。他方で、一部例外を除いてあとは何でもかんでも可能だなどという大雑把な規定はできないので、実施できる業務の大枠は示す必要がある。したがって、純粋なネガティブリストも実は採用しがたいということになる。結局はポジティブリスト方式をとりつつ、大枠の示し方をできる限り柔軟なものにするというのが実際的であると考えられる。

4. おわりに

個々の法律やその条文は、その時々の状況やニーズを反映してつくられたものであるが、状況もニーズも常に変化している。そうした変化に柔軟に対応できるよう不断に法制度を見直していくことは必要である。無理な解釈を積み重ねるといつか歪みが生じる。憲法問題はその典型例である。

の領土問題は、地域の緊張がエスカレートする可能性を浮き彫りにしている。こうした課題に対する日本の対応は、抑止力、外交力、経済力の慎重なバランスによって特徴づけられてきた。

朝鮮半島情勢は不安定要因である。北朝鮮の核開発とミサイル発射実験は、地域の安全保障に直接的な脅威を引き続きもたらしている。日本は同盟国とともに、朝鮮半島の非核化と平和を提唱し続けている。日米安全保障同盟は依然として日本の防衛政策の要であり、戦略的抑止力を提供し、地域の安定を確保している。しかし日本は、こうした複雑な問題に対処するための多国間外交と地域協力の重要性も認識している。

当面の地域的な懸念を超えて、日本はグローバルな安全保障上の課題への関与を強めている。サイバー攻撃、宇宙安全保障への懸念、気候変動など、非伝統的な安全保障上の脅威の拡散は、革新的かつ協調的なアプローチを必要としている。日本の技術的専門性は、こうした新たな脅威に対処するリーダーとしての地位を確立している。サイバーセキュリティや宇宙セキュリティに関する規範や枠組みを整備することで、日本は世界の安定と安全に貢献している。

国際平和と安定に対する日本の積極的な貢献は、ルールに基づく国際秩序に対する日本のコミットメントの証しである。国連平和維持活動への参加、人道支援、災害救援活動などを通じて、日本は世界の安全保障への献身を示してきた。平和への積極的貢献というコンセプトは、国際協力、法の支配、自由で開かれたインド太平洋の推進を重視する日本の進化したアプローチを反映している。

経済安全保障は、日本にとって喫緊の課題である。新型コロナウイルスのパンデミックは、多様性のあるサプライチェーンと経済の多様化の重要性を浮き彫りにした。特に半導体や医薬品のような重要な分野において、特定の国への依存を減らす日本の努力は、国家の安全保障を維持するために不可欠である。経済政策と安全保障政策の統合は、グローバル化した世界の複雑な状況を日本が効果的に乗り切ることを確実にする。

日本の自衛隊の進化とその法的枠組みは、日本の安全保障体制における重要な変化を示している。日本国憲法第9条の再解釈と集団的自衛権を認める安全保障法制の制定は、自衛隊の役割を拡大した。こうした動きは、平和主義的アイデンティティと現代の脅威に対処する必要性とのバランスをとりながら、安全保障に対する日本の実際的なアプローチを反映している。

将来を展望すれば、日本の安全保障政策は、刻々と変化する国際環境に対応して進化し続けるだろう。前途に横たわる課題と機会には、将来を見据えた適応的なアプローチが必要である。こうした問題意識から本書は、日本の安全保障戦略を包括的に理解し、その意思決定を形成する複雑さと緊急性を浮き彫りにすることを目指した。その目的が多少なりとも果たされ、日本の安全保障政策の発展に多少なりの貢献となれば、筆者一同望外の喜びである。

本書の出版にあたっては、この研究プロジェクトに参加いただいたメンバーの皆様をはじめ、多くの方々のご支援、ご尽力を得ており、ここに深く感謝申し上げる。また、本書を出版するにあたって、日経ＢＰの野澤靖宏氏や同社の方々をはじめ、鹿島平和研究所会長の平泉信之氏からは様々なご支援を頂戴した。感謝申し上げる。とりわけ日経ＢＰの堀口祐介氏には本書の企画段階から出版に到るまで、細部にわたる原稿チェックを含め、あらゆる段階で献身的なご助力を賜った。心から感謝申し上げたい。氏の編集者としての卓越した能力がなかったら、本書が世に出ることはなかっただろう。いずれにせよ、平和は我々の行動がつくり出すものであり、国際的な対話と協力を含め、国際的な共通理念の根幹は何かを模索しながら、戦争の予防に向けて常に努力する重要性も忘れてはいけない。

２０２４年12月

元防衛事務次官　秋山昌廣
法政大学教授　小黒一正
京都大学教授　関山　健

を経て現職。現在、慶應義塾常任理事、日本経済新聞社客員論説委員などを兼任。主な著書に『サイバーグレートゲーム』(千倉書房)、『暴露の世紀』(角川新書) などがある。

森聡(もり・さとる)
慶應義塾大学法学部教授(論点14担当)
1995年京都大学法学部卒、97年同大学大学院法学研究科修士課程修了。外務省を経て、2007年東京大学大学院法学政治学研究科博士課程修了。博士(法学)。法政大学法学部教授を経て22年より現職。内閣官房国家安全保障局政策参与(2016年~19年)、中曽根平和研究所上席研究員(2018年~現在)。22年の国家安全保障局主催防衛三文書見直しに関する専門家ヒアリングに招集。

大澤淳(おおさわ・じゅん)
中曽根平和研究所主任研究員(論点15担当)
1994年慶應義塾大学法学部卒、96年慶應義塾大学大学院法学研究科修士課程修了。世界平和研究所主任研究員、ブルッキングス研究所客員研究員、内閣官房国家安全保障局参事官補佐を経て、2017年より現職。鹿島平和研究所理事、情報処理推進機構(IPA)情勢研究室長、笹川平和財団上席フェローを併任。最近の著作に、『ウクライナ戦争はなぜ終わらないのか』(共著、文春新書)、『新領域安全保障』(共著、Wedge) などがある。

関山健（せきやま・たかし）
京都大学大学院総合生存学館教授（論点8、13、16担当）
東京大学博士（国際協力学）、北京大学博士（国際政治学）、ハーバード大学修士（サステナビリティ学）。財務省で予算編成や法令起案、外務省でアジア向けODA立案や経済連携協定の交渉などの政策実務を経験した後、大学・公益財団法人などを経て、2019年より京都大学。専門は国際政治経済学、国際環境政治学、比較政治学。近著に『気候安全保障の論理』（日本経済新聞出版）。

岩本友則（いわもと・とものり）
日本核物質管理学会事務局長（論点9担当）
茨城大学卒、動力炉・核燃料開発事業団（現日本原子力研究開発機構）、科学技術庁出向、日本原燃核物質管理部長、理事を経てフェロー。ウラン濃縮および再処理の保障措置構築に係る国際プロジェクトに携わる。国際原子力機関（IAEA）のイラクおよびイラン特別ミッションに従事。主な著書に『原子力平和利用と核不拡散・核セキュリティ』（第3章、第4章執筆、日本原子力産業協会）がある。

西山淳一（にしやま・じゅんいち）
未来工学研究所研究参与（論点10担当）
1969年北海道大学工学部卒、71年北海道大学大学院工学研究科修士課程修了。1971～2011年三菱重工業、2012年より現職。日本戦略研究フォーラム監事。07年、米国防衛産業協会より「BMDに関する日本との協力功績賞」受賞。

松村五郎（まつむら・ごろう）
元陸上自衛隊東北方面総監（論点11担当）
1981年東京大学工学部卒、陸上自衛隊入隊。第3次イラク復興支援群長、陸上自衛隊幹部候補生学校長、第10師団長、統合幕僚副長、東北方面総監などを経て、2016年に退官。戦略学修士（米陸軍戦略大学）。主な著書に『新しい軍隊─「多様化戦」が軍隊を変える、その時自衛隊は…』（内外出版）、『ウクライナ戦争の教訓と日本の安全保障』（共著、東信堂）などがある。

土屋大洋（つちや・もとひろ）
慶應義塾大学大学院政策・メディア研究科教授（論点12担当）
慶應義塾大学大学院政策・メディア研究科後期博士課程修了。博士（政策・メディア）。国際大学グローバル・コミュニケーション・センター（GLOCOM）主任研究員、慶應義塾大学総合政策学部助教授など

【執筆者紹介】（掲載順）

徳地秀士（とくち・ひでし）

平和・安全保障研究所理事長（論点1、6、17担当）

1979年東京大学法学部卒、86年タフツ大学フレッチャースクール修士課程修了。1979～2015年防衛庁・防衛省（2014～15年、初代防衛審議官）。21年より現職。中曽根平和研究所研究顧問、上智大学国際関係研究所客員所員。主な著書に『防衛外交とは何か』（共著、勁草書房）、『専制国家の脅威と日本』（共著、勁草書房）などがある。

髙見澤將林（たかみざわ・のぶしげ）

東京大学公共政策大学院客員教授（論点3担当）

1978年東京大学法学部卒。防衛庁（現・防衛省）入庁後、運用企画局長、防衛政策局長、防衛研究所所長などを歴任。2013年に内閣官房副長官補。14年から新設の国家安全保障局次長、15年から内閣サイバーセキュリティセンター長を兼務。16年に退官後、ジュネーブ軍縮会議日本政府代表部大使に就任。

神保謙（じんぼ・けん）

慶應義塾大学総合政策学部教授（論点4担当）

慶應義塾大学大学院政策・メディア研究科後期博士課程修了。博士（政策・メディア）。国際文化会館常務理事、キヤノングローバル戦略研究所主任研究員などを兼任。主な著書に『アジア太平洋の安全保障アーキテクチャ』（編著、日本評論社）などがある。

小原凡司（おはら・ぼんじ）

笹川平和財団上席フェロー、DEEP DIVE共同創設者・代表理事（論点5担当）

1985年防衛大学校卒業、海上自衛隊入隊。98年筑波大学大学院修了（修士）。第21航空隊司令、駐中国日本国大使館防衛駐在官、防衛省海上幕僚監部情報班長、東京財団政策研究調整ディレクター、笹川平和財団上席研究員などを経て現職。主な著書に『中国の軍事戦略』（東洋経済新報社）、『世界を威嚇する軍事大国中国の正体』（徳間書店）などがある。

細谷雄一（ほそや・ゆういち）

慶應義塾大学法学部教授（論点7担当）

1971年千葉県生まれ。英国バーミンガム大学大学院国際関係学修士号取得。慶應義塾大学大学院法学研究科政治学専攻博士課程修了。主な著書に、『戦後国際秩序とイギリス外交』（創文社、サントリー学芸賞）、『倫理的な戦争』（慶應義塾大学出版会、読売・吉野作造賞）、『国際秩序』（中公新書）などがある。

【編者紹介】

秋山昌廣（あきやま・まさひろ）

元防衛事務次官、安全保障外交政策研究会代表、
鹿島平和研究所顧問

東京大学法学部卒（1964）、大蔵省入省、大蔵省大臣官房審議官。防衛庁防衛局長、防衛事務次官（1997）。ハーバード大学客員研究員（1999）、政策研究大学院大学特任教授、立教大学21世紀デザイン研究科特任教授、北京大学国際関係学院招聘教授。海洋政策研究財団会長、東京財団理事長（2012）。主な著書に『日米の戦略対話が始まった』（亜紀書房）、『秋山昌廣回顧録』（吉田書店）などがある。

小黒一正（おぐろ・かずまさ）

法政大学経済学部教授

一橋大学大学院経済学研究科博士課程修了（経済学博士）。1997年 大蔵省（現財務省）入省後、大臣官房文書課法令審査官補、関税局監視課総括補佐、財務省財務総合政策研究所主任研究官、一橋大学経済研究所准教授などを経て、2015年から現職。財務省「財政制度等審議会・財政制度分科会」委員、日本財政学会理事、鹿島平和研究所理事、東京財団政策研究所研究主幹。主な著書に『日本経済の再構築』（日本経済新聞出版）などがある。

論点解説　日本の安全保障

2025年2月21日　1版1刷

編　者　秋山昌廣・小黒一正

発行者　中川ヒロミ

発　行　株式会社日経BP
日本経済新聞出版

発　売　株式会社日経BPマーケティング
東京都港区虎ノ門4－3－12　〒105-8308

装丁　野網雄太
印刷　製本　シナノ印刷
DTP　CAPS

ISBN978-4-296-11876-2 Printed in Japan